Tim Niemeier

Supraleitung in biaxial texturierten Seltenerd–Nickel–Borkarbidschichten

TUDpress

Tim Niemeier

Supraleitung in biaxial texturierten Seltenerd–Nickel–Borkarbidschichten

TUD*press*

2011

Bibliografische Information der Deutschen Nationalbibliothek
Die Deutsche Nationalbibliothek verzeichnet diese Publikation in der Deutschen Nationalbibliografie; detaillierte bibliografische Daten sind im Internet über http://dnb.d-nb.de abrufbar.

Bibliographic information published by the Deutsche Nationalbibliothek
The Deutsche Nationalbibliothek lists this publication in the Deutsche Nationalbibliografie; detailed bibliographic data are available in the Internet at
http://dnb.d-nb.de.

ISBN 978-3-942710-32-9

Verlag der Wissenschaften GmbH
Bergstr. 70 | D-01069 Dresden
Tel.: 0351/47 96 97 20 | Fax: 0351/47 96 08 19
http://www.tudpress.de

Gesetzt vom Autor.
Printed in Germany.

Supraleitung in biaxial texturierten Seltenerd–Nickel–Borkarbidschichten

Von der
Fakultät Mathematik und Naturwissenschaften
der Technischen Universität Dresden
zur
Erlangung des akademischen Grades
Doctor rerum naturalium
(Dr. rer. nat.)
genehmigte

D i s s e r t a t i o n

von

Dipl.-Phys. Tim Niemeier

aus Bielefeld

1. Gutachter: Prof. Dr. Ludwig Schultz (Technische Universität Dresden)
2. Gutachter: Prof. Dr. Paul Seidel (Friedrich-Schiller-Universität Jena)

Tag der Einreichung: 5. März 2010
Tag der mündlichen Prüfung und der Verteidigung: 17. August 2010

Kurzfassung

Die vorliegende Dissertation beschäftigt sich mit dem epitaktischen Wachstum und den Eigenschaften biaxial texturierter, supraleitender Seltenerd–Nickel–Borkarbidschichten. Es ist seit 1994 bekannt, dass sich c–Achsen–orientierte, supraleitende Seltenerd–Nickel–Borkarbidschichten auf geheizten Magnesiumoxid– und anderen oxidischen Einkristallsubstraten im Vakuum bei ca. 800 °C abscheiden lassen, wobei sich durch die hohen Temperaturen eine Seltenerd–Oxidschicht an der Grenzfläche bilden kann. Überwiegend wurden MgO(100)–Substrate verwendet, auf denen sich zwar hochwertige supraleitende Schichten abscheiden ließen, die jedoch in der Regel nur partiell in–plane–geordnet waren. Eine vollständige in–plane–Ordnung lässt sich bei der Abscheidung auf MgO(100) nur selten erreichen. Ein Vergleich der gewonnenen Daten mit Daten von Einkristallen ist daher nicht uneingeschränkt möglich.

Die Abscheidung von Seltenerd–Nickel–Borkarbidschichten auf MgO(110) ist bisher kaum untersucht worden. Untersuchungen zum Einfluss verschiedener Beschichtungsparameter auf die Struktur oder Messungen zu supraleitenden Eigenschaften liegen bislang nicht vor.

In der vorliegenden Arbeit wurden erstmals vollständig biaxial texturierte $LuNi_2B_2C$–Dünnschichten mit gepulster Laserdeposition auf MgO(110) hergestellt, die zusätzlich die bislang besten supraleitenden Eigenschaften aufweisen. Die biaxiale Textur des Borkarbids stellt sich in einem geeigneten Parameterfenster durch eine Abscheidung auf [110]–orientierte MgO–Einkristallsubstrate ein. Durch eine erstmals vorgenommene, systematische Untersuchung der Texturentwicklung der Borkarbid– und der zugrundeliegenden Lu_2O_3–Grenzschicht konnten die dazu erforderlichen Beschichtungsparameter eingegrenzt und deren Einfluss auf die Textur und die supraleitenden Eigenschaften studiert werden.

Anschließend wurden die supraleitenden Eigenschaften, insbesondere die Anisotropie des oberen kritischen Feldes hochtexturierter, lithographisch strukturierter $LuNi_2B_2C$–Mikrobrücken untersucht und mit verfügbaren Daten von entsprechenden Einkristallen verglichen. Dies stellt die erste quantitative Auswertung des oberen kritischen Feldes supraleitender Seltenerd–Nickel–

Borkarbid–Dünnschichten dar. Die Werte für den spezifischen Restwiderstand und das für $T \to 0$ extrapolierte obere kritische Feld (in [001]–Richtung) liegen dabei nicht weit von Einkristalldaten entfernt, was für sehr gute strukturelle Ordnung in den Schichten spricht.

Die erarbeiteten Kenntnisse zur Phasenbildung und der Texturentwicklung wurden dann genutzt, um erstmals eine epitaktische Seltenerd–Substitutionsreihe $Ho_xLu_{1-x}Ni_2B_2C$ abzuscheiden. Auf diese Weise lassen sich nun auch solche Mischphasen als epitaktische Schichten wachsen, die sich bisher nicht in Form von Einkristallen darstellen lassen.

Inhaltsverzeichnis

Einleitung **1**

1 Seltenerd–Nickel–Borkarbide: Materialeigenschaften und Herstellungsverfahren **7**

1.1 Kristallographische Eigenschaften 7
1.2 Supraleitung in SE–Ni–Borkarbiden (I) 9
1.3 Kristallzucht und Phasendiagramm 13
1.4 Supraleitung in SE–Ni–Borkarbiden (II) 18
1.4.1 Das obere kritische Feld H_{c2} 18
1.4.2 Unordnungseffekte 20
1.5 Untersuchungen an Dünnschichten 23
1.5.1 Rückblick 24
1.5.2 Anisotropie von H_{c2} 26

2 Schichtpräparation **27**

2.1 Gepulste Laserdeposition 27
2.2 Vakuumrezipient und technischer Aufbau 31
2.3 Herstellung der Legierungstargets 33
2.4 Herstellungsparameter 36

3 Strukturelle Eigenschaften der $LuNi_2B_2C$–Dünnschichten **39**

3.1 Abscheidung auf Magnesiumoxid–Einkristallen 39
3.1.1 $LuNi_2B_2C$–Dünnschichten auf MgO(100) 40
3.1.2 $LuNi_2B_2C$–Dünnschichten auf MgO(110) 44
3.2 Strukturvergleich auf MgO(100) und MgO(110) 49
3.2.1 Phasenbildung und out–of–plane–Textur 49

3.2.2 Oberflächenmorphologie und Schichtaufbau 51
3.3 SE–Ni–Borkarbidschichten auf oxidischen Pufferschichten . . 54

4 In–Plane–Orientierung und Texturentwicklung 57
4.1 Ausgangssituation 58
4.2 Abscheidung auf MgO–Einkristallsubstraten 63
4.2.1 $LuNi_2B_2C$ auf MgO(100) 63
4.2.2 $LuNi_2B_2C$ auf MgO(110) 65
4.2.3 Übertragbarkeit auf andere SE–Ni–Borkarbide 70
4.3 Abscheidung auf Y_2O_3(001)–Einkristall 71

5 Supraleitende Eigenschaften der $LuNi_2B_2C$–Dünnschichten 75
5.1 Intrinsische Eigenschaften unstrukturierter Schichten 78
5.1.1 Messverfahren 78
5.1.2 Einfluss der Beschichtungsparameter in der Nähe der Optimalbedingungen 81
5.1.3 Experimentelle Streuung der kritischen Temperatur bei Optimalbedingungen 83
5.1.4 Einfluss der Schichtdicke auf die supraleitenden Eigenschaften 85
5.2 Lithographisch strukturierte $LuNi_2B_2C$–Dünnschichten 87
5.2.1 Temperaturverlauf des spezifischen elektrischen Widerstandes 87
5.3 Nachträgliche in–situ Temperaturbehandlung 91

6 Anisotropie des oberen kritischen Feldes in $LuNi_2B_2C$ 97
6.1 Messverfahren 97
6.2 Temperaturabhängigkeit 99
6.3 Winkelabhängigkeit bei fester Temperatur 101
6.4 Vergleich mit Einkristallen 105
6.5 Einfluss der in–situ–Temperaturbehandlung auf das obere kritische Feld 106

7 Epitaktische $Ho_xLu_{1-x}Ni_2B_2C$–Mischserie 109
7.1 Herstellung 111

7.2 Strukturelle Untersuchungen 113
7.3 Supraleitungseigenschaften 118

8 Zusammenfassung und Ausblick 121

Literaturverzeichnis 127

Anhang 139
Veröffentlichungen 139
Danksagung 143
Lebenslauf 145
Eidesstattliche Erklärung 147

Einleitung

In den vergangenen Jahren ist eine Vielzahl chemisch komplexer Supraleiter erschlossen worden: Kuprate, Seltenerd–Boride, Seltenerd–Nickel–Borkarbide[1], Chevrel–Phasen, Skutterudite, MgB_2, Schwere–Fermionen–Supraleiter oder die neuen intermetallischen oder fluorhaltigen Eisen–Arsenide zeigen eine große Bandbreite supraleitender Phänomene. Unter diesen wurde vor allem den supraleitenden Seltenerd–Nickel–Borkarbiden $R\mathrm{Ni_2B_2C}$ lange Zeit die Rolle der „Spielkiste der Festkörperphysiker" zugesprochen (P. Canfield). Um zu verstehen, warum diese bis heute so interessant sind, lohnt ein kurzer Rückblick auf die Entdeckungsgeschichte.

Die Entdeckung der supraleitenden $\mathrm{YNi_2B_2C}$–Phase mit einer verhältnismäßig hohen Sprungtemperatur von ca. 15 K im Jahr 1994 [NMH+94] war eine Überraschung. Kurz darauf wurden Struktur und Supraleitung in den $R\mathrm{Ni_2B_2C}$–Systemen aufgeklärt [CTZ+94, SZC+94] und weitere, z. T. metastabile, verwandte Systeme mit anderen Übergangsmetallen wie Platin [CBS+94] und Palladium untersucht. In letzterem wurde eine Sprungtemperatur von 23 K gefunden [CTB+94], die den Seltenerd–Übergangsmetall-Borkarbiden von einigen Autoren die Bezeichnung „Hochtemperatursupraleiter" einbrachte (erst im Jahr 2008 wurden in Eisen–Arsenid–Supraleitern höhere Sprungtemperaturen in intermetallischen Systemen gefunden). Ebenso stellten sie als quaternäres System lange Zeit die flexibelste Klasse intermetallischer Supraleiter dar, bei dem durch Austausch der Seltenen Erde oder des Übergangsmetalls ein breites Sprektrum elektronischer Eigenschaften von Magnetismus über Supraleitung bis hin zu Schwere–Fermionen–Verhalten gefunden werden konnte. Besonders interessant sind einige dieser Verbindungen, weil sie supraleitende und

1 In dieser Arbeit werden „Seltenerd–Nickel–Borkarbide" oft als „SE–Ni–Borkarbide" oder auch kurz als „Borkarbide" bezeichnet. Für die $R\mathrm{Ni_2B_2C}$–Zusammensetzung wird auch die Abkürzung „1221–Phase" verwendet.

magnetische Eigenschaften im gleichen Temperaturbereich zeigen. Beispielsweise hat $HoNi_2B_2C$ eine Néeltemperatur von ca. 6 K [GSC+94, GLH+94] und eine Sprungtemperatur von 8–9 K [CTZ+94, ETC+94]. Die höchste Sprungtemperatur der stabilen SE–Ni–Borkarbide von ca. 16 K wurde in $LuNi_2B_2C$ gefunden [CTZ+94].

In den letzten Jahren wurden zunehmend Phänomene an hochreinen Einkristallen dieser Materialien untersucht. Auf diese Weise konnten die Seltenerd–Nickel–Borkarbide den sogenannten „Mehrbandsupraleitern" zugeordnet werden, da an der Supraleitung zwei elektronische Bänder mit unterschiedlichen Fermigeschwindigkeiten beteiligt sind [SDF+98, DSM+99, DOS+03]. Ein wichtiges Phänomen, das sich erst mit der Mehrbandtheorie konsistent erklären ließ, war der unkonventionelle Temperaturverlauf des oberen kritischen Feldes H_{c2} in $LuNi_2B_2C$ und YNi_2B_2C, den nichtmagnetischen Vertretern der supraleitenden Seltenerd–Nickel–Borkarbide, der in der Nähe der kritischen Temperatur einen Krümmungswechsel von negativer zu positiver Krümmung besitzt.

In den vergangenen Jahren sind Substitutionen sowohl auf dem Seltenerdplatz als auch auf dem Übergangsmetallplatz, wie z. B. Pt, Pd, Co oder Rh untersucht worden. Hieraus ergab sich eine Vielzahl neuartiger Phänomene. So wurde beispielsweise in Übergangsmetall–Mischserien $YNi_xPt_{1-x}B_2C$ ein supraleitender Zustand beobachtet, in dem die kritische Temperatur für eine mittlere Platin-Konzentration gegenüber den reinen Phasen (x = 0 oder x =1) deutlich abgesenkt ist [LSG+02, LDF+03]. Da dieser mit einer verringerten mittleren freien Weglänge einhergeht, wird er seither als „Quasi–dirty–limit"–Zustand bezeichnet [FMD+04]. Das Interesse wurde in den letzten Jahren zunehmend auch auf rein magnetische, nicht supraleitende Seltenerd–Übergangsmetall–Borkarbide erweitert [EMBT+04, DBF+06].

Die große Komplexität der elektronischen Wechselwirkungen in den Seltenerd–Nickel–Borkarbiden und den verwandten Verbindungen resultiert aus ihren komplizierten Fermiflächen und den damit verbundenen Inter– und Intrabandkopplungen. Die Untersuchung dieser Phänomene erfordert hochwertige Proben. Schon frühzeitig wurde daher der Synthese von Einkristallen und texturierten Dünnschichten große Aufmerksamkeit gewidmet. Die Probensynthese der Seltenerd–Übergangsmetall–Borkarbide ist aufgrund des Vorkommens sehr unterschiedlicher Elemente und einer Vielzahl von Primärkristallisationsphasen äußerst komplex. Nicht für alle Verbindungen, z. B. YPd_2B_2C, ist die erwünschte einphasige und einkristalline Herstellung bisher gelungen. Darüberhinaus hängen die intrinsischen Eigenschaften, insbesondere bezogen auf die Supraleitung, erheblich von der exakten Stöchiometrie, der Temperaturbehandlung und der innerkristallinen Ordnung ab. In den letzten Jahren wurden in der Einkristallpräparation und –nachbehandlung signifikante Fortschritte erzielt [FMD+04, Sou05, BLS+08]. Dabei konnte das Verständnis der elektronischen Phänomene stark verfeinert werden [BLS+08, SGK+08, DUW+09].

Als herausfordernd hat sich die Verbesserung der Qualität von Dünnschichtproben erwiesen, die eine wichtige Ergänzung kristalliner Massivproben darstellen. Auch deshalb ist die Zahl der Untersuchungen an Dünnschichten im Vergleich zu denen an kristallinen Proben bisher vergleichsweise klein. Insbesondere zur Herstellung vollständig texturierter Dünnschichten sind viele Fragen offen. Solche üblicherweise mittels physikalischer Vakuumbeschichtung (PVD) hergestellte Proben erfordern geeignete Substrate oder Pufferschichten sowie präzise angepasste Beschichtungsparameter, um die Reaktionskinetik auf der Oberfläche so zu beeinflussen, dass ein in allen drei Kristallrichtungen geordnetes Wachstum mit eindeutiger Ausrichtung gegenüber dem Kristallgitter des Substrats entsteht. Ein solches „epitaktisches Wachstum“ ist im Borkarbidsystem durch die komplexe Phasenbildung äußerst schwierig zu erreichen. Dieses Problem zu lösen bildet die Hauptmotivation dieser Arbeit.

Die ersten Arbeiten zur Dünnschichtabscheidung von YNi_2B_2C–Schichten fanden mittels Magnetronsputtern in Japan statt [AHH+94, AHNT98]. Die meisten der folgenden Untersuchungen wurden durch das Herstellungsverfahren der gepulsten Laserdeposition ermöglicht, das auch in dieser Arbeit verwendet wurde. Vor allem Untersuchungen zum Wachstum und den intrinsischen Eigenschaften von YNi_2B_2C– und $HoNi_2B_2C$–Dünnschichten wurden in der Vergangenheit erfolgreich durchgeführt [H00, Wim04]. Arbeitsgruppen in Italien führten Untersuchungen an YNi_2B_2C–, $ErNi_2B_2C$– und später auch $LuNi_2B_2C$–Dünnschichten durch, die mit verschiedenen Methoden (Magnetronsputtern, Laserdeposition) und auf verschiedenen Substraten hergestellt wurden (z. B. [ACG+01, GMP+01, FGB+03]).

In dieser Arbeit, die am Leibniz–Institut für Festkörper– und Werkstoffforschung (IFW) Dresden im Rahmen des Sonderforschungsbereiches 463 der TU Dresden „Seltenerd–Übergangsmetallverbindungen: Struktur, Magnetismus und Transport“ entstanden ist, wurden texturierte Seltenerd–Nickel–Borkarbid–Dünnschichten untersucht. Die Proben wurden durch epitaktisches Wachstum auf MgO– und anderen Einkristallsubstraten mittels gepulster Laserdeposition hergestellt.

Die vorliegende Arbeit baut auf den Erkenntnissen der verschiedenen Gruppen auf und beschreibt sowohl wesentliche Neuerungen in der technischen Beherrschung des Borkarbid–Schichtwachstums, als auch ein grundlegend erweitertes Verständnis der Texturentwicklung solcher Schichten. Wichtige Ergebnisse vorheriger Arbeiten finden sich in den Experimenten wieder und können in ein umfassendes Verständnis der Wachstumsprozesse eingebunden werden. Zudem wurden die intrinsischen Eigenschaften hochtexturierter $LuNi_2B_2C$–Dünnschichten untersucht und mit Einkristalldaten verglichen. Als Hauptsystem wurde $LuNi_2B_2C$ gewählt, das die höchste kritische Temperatur der nichtmagnetischen stabilen SE–Ni–Borkarbide aufweist und auch deshalb zum nichtmagnetischen Standardsystem geworden ist. Um einen Anschluss an frühere Arbeiten herzustellen, wurde auch die Texturentwicklung von mit der hier erarbeiteten Methode vergleichsweise hergestellten Dünnschichten aus $HoNi_2B_2C$ und YNi_2B_2C exemplarisch untersucht. Zudem konnte erstmals eine epitaktische Mischserie hergestellt werden, für die die Substitutionsreihe $Ho_xLu_{1-x}Ni_2B_2C$ ausgewählt wurde. Dabei zeigt sich auch, dass sich nicht alle Parameter des Wachstums von einem Borkarbidsystem auf das nächste übertragen lassen.

Die Beschreibung des materialphysikalischen Hintergrundes und der technischen Wachstumsmethoden bilden das erste und zweite Kapitel der Arbeit. Die strukturellen Eigenschaften der $LuNi_2B_2C$–Dünnschichten werden in den Kapiteln 3 und 4 detailliert erläutert. Den besonderen Schwerpunkt der Arbeit bildet die systematische Untersuchung der Texturentwicklung in Kapitel 4. In Kapitel 5 und 6 werden die supraleitenden Eigenschaften diskutiert. Insbesondere wird in Kapitel 6 die Anisotropie des oberen kritischen Feldes in der Basalebene an Proben mit besonders hoher Güte und Wachstumsordnung untersucht. In früheren Arbeiten dokumentierte Einkristalluntersuchungen zu diesem System liefern hier eine wichtige Vergleichsgrundlage.

Auf der Basis der erfolgreichen Herstellung biaxial texturierter $LuNi_2B_2C$–Dünnschichten wird in Kapitel 7 eine Mischreihe $Ho_xLu_{1-x}Ni_2B_2C$ hinsichtlich ihrer Wachstums– und Supraleitungseigenschaften vorgestellt. Strukturelle Untersuchungen stehen dabei im Vordergrund. Von den Supraleitungseigenschaften wird der Verlauf der kritischen Temperatur untersucht und mit bekannten Daten polykristalliner Probenserien verglichen.

1 Seltenerd–Nickel–Borkarbide: Materialeigenschaften und Herstellungsverfahren

In diesem Kapitel werden die grundlegenden Materialeigenschaften und Herstellungsverfahren der Seltenerd–Nickel–Borkarbide vorgestellt. Zuerst erfolgt eine kurze Einführung in die kristallographischen Eigenschaften. Danach werden die wichtigsten Aspekte der Supraleitung in dieser Materialklasse vorgestellt, wobei das obere kritische Feld, das später im experimentellen Teil an Dünnschichtproben diskutiert wird, den Schwerpunkt bildet. Anschließend werden Gemeinsamkeiten und Unterschiede in der Herstellung von Massiv– und Dünnschichtproben vorgestellt. Zuletzt folgt ein Überblick über die bisherigen Dünnschichtarbeiten zu supraleitenden Seltenerd–Nickel–Borkarbiden, die den Ausgangspunkt der vorliegenden Arbeit bilden.

1.1 Kristallographische Eigenschaften

Seltenerd–Nickel–Borkarbide sind Teil der Familie der Seltenerd–Übergangsmetall–Borkarbide. Dabei bezeichnet R ein Ion der 4f–Elemente La,...,Lu oder der von ihrer Valenzelektronenkonfiguration her gleichen Elemente Yttrium ($5s^2$) oder Scandium ($4s^2$) und M ein Übergangsmetall. In dieser Arbeit wurden ausschließlich Schichten aus der sogenannten 1221–Phase hergestellt, die die chemische Formel RM_2B_2C besitzt. Die schematische Darstellung der zugehörigen Elementarzelle in Abb. 1.1 zeigt eine Schichtung von R–C–Ebenen und Ni–B–Tetraedern [SZC+94]. Die untere R–C–Ebene, die von den Vektoren $\vec{a}$ || [100] und $\vec{b}$ || [010] aufgespannt wird, wird als „Basalebene“ bezeichnet. Dazu senkrecht liegt der Gittervektor $\vec{c}$ || [001]. Die Einheitszelle

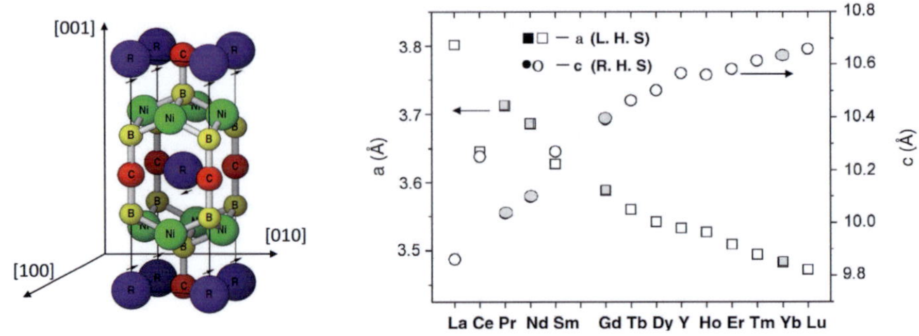

Abb. 1.1: *(links)* Schematische Darstellung der tetragonalen Einheitszelle der Seltenerd-Nickel-Borkarbide (nach [SZC+94]). *(rechts)* Änderung der Gitterparameter a und c in Abhängigkeit des beteiligten Lanthanids R (aus [Gup06]).

besitzt eine tetragonale Symmetrie mit der Raumgruppe I4/mmm und daher in der Basalebene eine vierzählige Rotationssymmetrie. Die Änderung der von außen messbaren Materialeigenschaften bei Rotation um die $\vec{c}$–Achse wird „in plane"–Anisotropie und diejenigen bei einer Kippung um eine innerhalb der Basalebene liegende Achse „out of plane"–Anisotropie genannt.

Dass die 1221–Phase der Seltenerd–Nickel–Borkarbide für manche Seltenen Erden supraleitend ist, wurde zuerst 1994 von Cava et al. in Princeton festgestellt [CTB+94, CTZ+94]. Auch Nagarajan et al. berichteten, dass mit Kohlenstoff verunreinigtes YNi_2B_3 (in Form einer $YNi_2B_3C_{0.2}$–Probe) einen supraleitenden Übergang bei 12 K zeigte, der der neuen 1221–Phase zugeordnet werden konnte. [NMH+94]. Es stellte sich rasch heraus, dass in dieser Phase Yttrium gegen Seltenerdmetalle oder Scandium, und dass Nickel gegen weitere Übergangsmetalle substituiert werden kann [CZB+94, CBS+94]. Damit sind strukturelle Änderungen verbunden: Für die Substitution auf dem Seltenerdplatz wächst der Basalgitterparameter a mit wachsendem Lanthanidradius an, während c abnimmt [SCKP94] (Abb. 1.1). Ebenfalls wächst a monoton mit der Temperatur, wohingegen c zwischen 100 K und 300 K ein Minimum durchläuft, das z. B. für $TbNi_2B_2C$ bei 225 K liegt [PK00].

1.2 Supraleitung in SE–Ni–Borkarbiden (I)

Die elektronischen Eigenschaften der supraleitenden Seltenerd–Nickel–Borkarbide sind in mehrerer Hinsicht bemerkenswert:

- Die kritischen Temperaturen sind für intermetallische Supraleiter vergleichsweise hoch. Der metastabile Vertreter YPd_2B_2C hat mit 23 K die bislang höchste identifizierte Sprungtemperatur der SE–ÜM–Borkarbide [CTB+94]. Erst das 2001 entdeckte Magnesiumdiborid MgB_2 [NNM+01] und die mit den Borkarbiden strukturell verwandten, 2008 gefundenen intermetallischen Eisen–Arsen–Supraleiter zeigen noch höhere Sprungtemperaturen in intermetallischen Systemen [RWJ+08, RTJ08].

- Obwohl die Kristallstruktur geschichtet ist, hat die elektronische Struktur, anders als beispielsweise bei Kupraten, keinen dominanten zweidimensionalen Charakter, da viele elektronische Eigenschaften verhältnismäßig kleine Anisotropien aufweisen [FCC97, RBPN97, SGK+08].

- Unter den supraleitenden Seltenerd–Nickel–Borkarbiden gibt es Verbindungen mit magnetischen Eigenschaften, deren Ordnungsprozesse im selben Temperaturbereich auftreten wie die Supraleitung. Dadurch können Phänomene wie der Wiedereintritt der Supraleitung („reentrant superconductivity“) studiert werden.

- Die Temperaturabhängigkeit der supraleitenden Bandlücke lässt sich im wesentlichen konventionell mit der BCS–Theorie erklären [AFI+95, GCM+00, NBB+07]. Demgegenüber ist der Verlauf des oberen kritischen Feldes H_{c2} der nichtmagnetischen Seltenerd–Nickel–Borkarbide unkonventionell, da in der Nähe der kritischen Temperatur ein Krümmungswechsel auftritt. In magnetischen SE–Ni–Borkarbiden, wie z. B. $HoNi_2B_2C$, können noch wesentlich komplexere H_{c2}–Verläufe beobachtet werden (s. z. B. [CBC+97, HHS00, WH06]).

- In den supraleitenden Seltenerd–Nickel–Borkarbiden konnte Supraleitung eines neuen Typs festgestellt werden, die sich dadurch auszeichnet, dass Ladungsträger aus zwei verschiedenen elektronischen Bänder zur Supraleitung beitragen [SDF+98, DSM+99, DRS+01]. Auf diese Weise

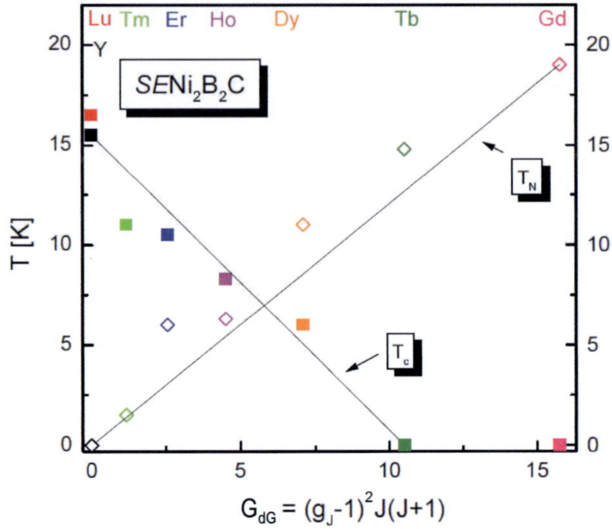

Abb. 1.2: De Gennes–Skalierung: Die Temperaturen der magnetischen oder supraleitenden Phasenübergange der Seltenerd–Nickel–Borkarbide liegen im gleichen Temperaturbereich [Bit00]. Sie folgen im wesentlichen linearen Verläufen über dem de Gennes–Faktor G_{dG}, der ein Maß für die Stärke der RKKY– (Ruderman–Kittel–Kasuya–Yoshida)–Wechselwirkung (s. z. B. [Kit87]) ist.

lässt sich auch der erwähnte Krümmungswechsel des oberen kritischen Feldes H_{c2} konsistent erklären. Als klassischer Vertreter dieser Zweibandsupraleitung wird heutzutage das Magnesiumdiborid MgB_2 angesehen. In den Seltenerd–Nickel–Borkarbiden sind die beteiligten elektronischen Bänder allerdings stärker gekoppelt. Die vielen Wechselwirkungsmöglichkeiten an der Fermikante (Intraband– und Interbandstreuung) sorgen für die große Vielfalt der supraleitenden und magnetischen Phänomene in diesen Materialien.

Die elektronischen Eigenschaften der SE–Ni–Borkarbide werden maßgeblich von der von den 4f–Elektronen vermittelten RKKY– (Ruderman–Kittel–Kasuya–Yoshida)–Wechselwirkung (s. z. B. [Kit87]) beeinflusst. Ein Maß für die Stärke dieser Wechselwirkung ist der nach DE GENNES benannte Faktor

$$G_{dG} = (g_J - 1)^2 \cdot 2J(J+1) \quad (1.1)$$

mit g_J: Landé–Faktor und J : Gesamtspin

Die Temperaturen der elektronischen Phasenübergänge vom paramagnetischen in den antiferromagnetischen Zustand oder vom normalleitenden in den supraleitenden Zustand besitzen eine nahezu lineare Abhängigkeit vom DE GENNES–Faktor des Hundschen R^{3+}–Grundzustands (Abb. 1.2). Man nennt diesen Zusammenhang auch „de Gennes–Skalierung“. So sind die Borkarbide mit R={Sc; Y; Dy,…,Tb; Lu} supraleitend mit Sprungtemperaturen zwischen 6,5 K und 16,9 K. Zusätzlich existieren für einige Seltenerd–Nickel–Borkarbide mit magnetischen Seltenen Erden R antiferromagnetische Phasen. Die Néeltemperaturen, unterhalb derer eine antiferromagnetische Ordnung einsetzt, liegen zwischen 0,2 K und 10,2 K. Im einzelnen:

- Für R mit nichtverschwindendem magnetischen Nettomoment ist das entsprechende SE–Ni–Borkarbid antiferromagnetisch mit Néeltemperaturen zwischen 0,2 K (für Er) und 19 K (für Gd). Von diesen sind $TbNi_2B_2C$ und $GdNi_2B_2C$ nicht supraleitend [CCD95].

- Für Yttrium mit leerer und Lutetium mit vollgefüllter 4f–Schale, die beide kein magnetisches Nettomoment besitzen, besitzen auch die entsprechenden Borkarbide kein magnetisches Nettomoment, dafür aber die höchsten Sprungtemperaturen von 15,6 K [BC06] bzw. 16,9 K [BBT+05].

- In der Lanthan–Verbindung wurde bislang keine Supraleitung gefunden. Für R = Sc wurde Supraleitung bei 16 K gefunden, allerdings lässt sich $ScNi_2B_2C$ bisher nicht phasenrein herstellen, da es metastabil ist [TMU+99, TMS+01]. Die Phase lässt sich allerdings durch partielle Yttrium–Substitution stabilisieren [KBK+04].

- Für die magnetischen Lanthanide R = Dy,…,Tm wurde ebenfalls Supraleitung beobachtet, und zwar mit kritischen Temperaturen $T_c < T_N$ (für Dy) und $T_c > T_N$ (für Ho, Er und Tm) [ETC+94, CCD95,

CCM+95, CXC+95]. Für $ErNi_2B_2C$ wurde zusätzlich noch ein schwacher ferromagnetischer Übergang bei 2,3 K beobachtet [ZSG+95].

- Für R = Yb wird völlig abweichend ein Heavy–Fermion–Verhalten mit einer Kohärenztemperatur um 10 K beobachtet, jedoch konnten weder Supraleitung noch (Anti)-Ferromagnetismus oberhalb von 50 mK festgestellt werden [YBB+96, LYS+96].

Besonders interessant ist die magnetische Verbindung $HoNi_2B_2C$, da ihre Néeltemperatur bei 6,2 K und ihre oberste supraleitende Übergangstemperatur bei 8–9 K liegt. Sie weist *Reentrant*–Verhalten bei ca. 5 K auf, d.h. der supraleitende Zustand tritt sowohl oberhalb als auch unterhalb eines magnetischen Temperaturbereichs auf. Unterhalb von 4 K besitzt $HoNi_2B_2C$ mehrere magnetische, z. T. inkommensurable Phasen [CBC+97]. $HoNi_2B_2C$ lässt sich vergleichsweise leicht als Einkristall synthetisieren und ist in den vergangenen Jahren sehr ausführlich untersucht worden [Sou05, MFD+07]. Auch $HoNi_2B_2C$–Dünnschichten sind in vorangegangenen Arbeiten untersucht worden [H00, Wim04].

Die supraleitenden Bandlücken der meisten Seltenerd–Nickel–Borkarbide haben einen konventionellen, d. h. BCS–Verlauf. Abb. 1.3 zeigt dies anhand von Messungen an Einkristallen mittels ballistischer Punktkontaktspektroskopie [NBB+07]. Für $LuNi_2B_2C$ beispielsweise beträgt die für $T \to 0$ gemessene Bandlücke $\Delta_0 = 0{,}95$ meV. Ähnliche Werte erhält man für $HoNi_2B_2C$. Die Temperaturabhängigkeit der Bandlücken in $DyNi_2B_2C$ und $TmNi_2B_2C$ weicht etwas stärker ab.

Die elektronische Bandstruktur besitzt eine große Komplexität und wird bis heute anhand aktueller, hochwertiger Einkristalle erforscht. Erst 2008 wurden hochauflösende Rekonstruktionen der Fermiflächen von $LuNi_2B_2C$ mit komplementären Methoden vorgenommen: Zum einen mit hochauflösenden Messungen der de–Haas–van–Alphen–Oszillationen [BPR+08], zum anderen mit Elektron–Positron–Annihilation [DUW+09]. Beide rekonstruierten mit großer Präzision die Topologie der einzelnen Fermiflächen (Abb. 1.4, aus [BPR+08]) und fanden eine ausgezeichnete Übereinstimmung mit den bisherigen Berechnungsmodellen. Ferner fanden sich in den Annihilationsexperimenten für unterschiedliche Seltene Erden nur geringe Abweichungen, so

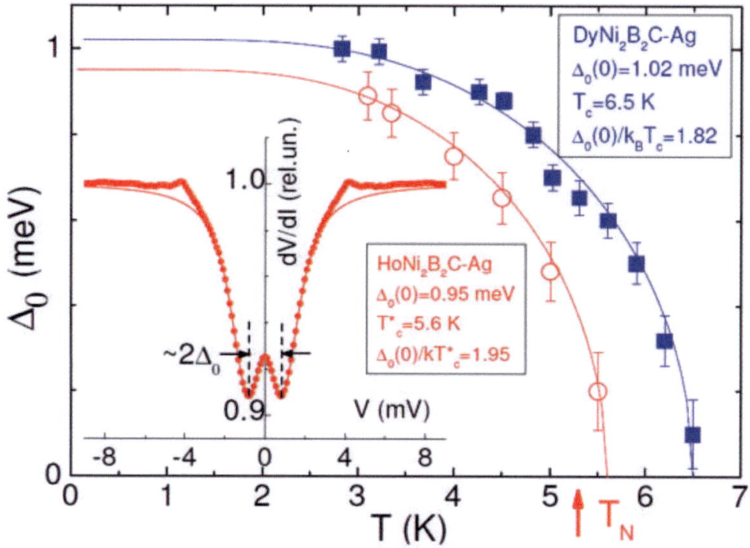

Abb. 1.3: Spektroskopie der Temperaturabhängigkeit der supraleitenden Bandlücke in $HoNi_2B_2C$ und $DyNi_2B_2C$ mit Silber–Punktkontakten (aus [NBB+07]).

dass laut den Autoren von einer allgemeinen Gültigkeit der Ergebnisse für die Seltenerd–Nickel–Borkarbide ausgegangen werden kann.

1.3 Kristallzucht und Phasendiagramm

Viele Eigenschaften kristalliner Festkörper zeigen sich erst in langreichweitig geordneten Proben, daher besteht fast stets ein Bedarf an hochwertigen Einkristallen oder texturierten Dünnschichten. Auch für die Seltenerd–Nickel–Borkarbide wurden die Einkristallzucht wie auch die Dünnschichtabscheidung [AHH+94] schon unmittelbar nach der Entdeckung begonnen.

Die Seltenerd–Nickel–Borkarbide sind inkongruent schmelzende Verbindungen: Bei der Erstarrung einer stöchiometrischen Schmelze bildet sich zunächst eine properitektische Phase wie z. B. RB_2C_2 oder RNiBC, die über Rückreaktionen mit der Restschmelze in die RNi_2B_2C–Phase überführt werden kann. Die 1221–Verbindungen besitzen mehrere properitektische Phasen: die

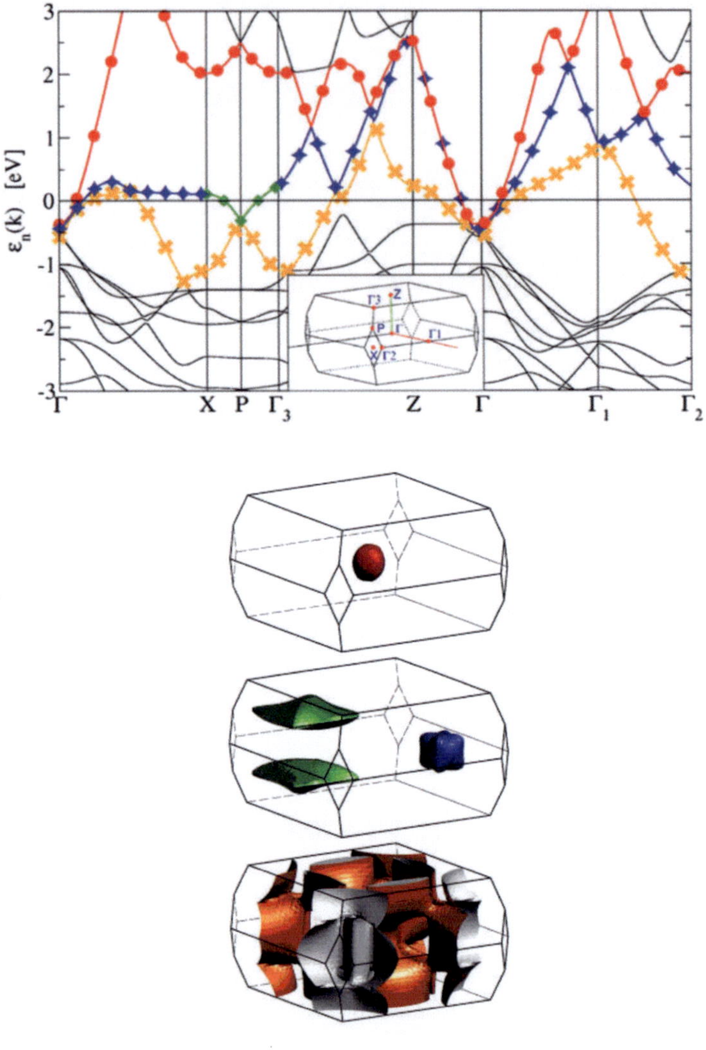

Abb. 1.4: *(oben)* Rekonstruierte Bandstruktur in der ersten Brillouinzone eines $LuNi_2B_2C$–Einkristalls aus de Haas–van Alphen Messungen. *(unten)* Daraus ermittelte Fermiflächen: "Sphere", „Cube" und „Cushion", und „Lemon". (Alle Graphen aus [BPR+08]).

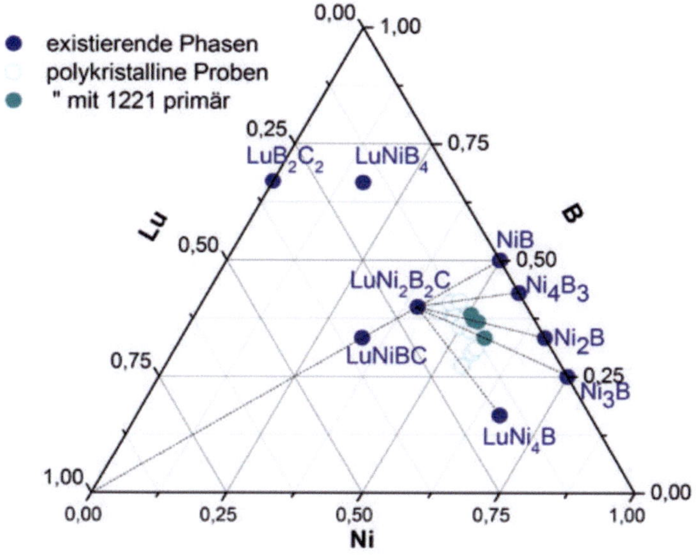

Abb. 1.5: Projektion des $LuNi_2B_2C$–Phasendiagramms ohne Berücksichtigung der Kohlenstoffvariation. Die 114–Phase ist von anderen Seltenerd–Nickel–Borkarbiden bisher nicht als Primärphase bekannt (A. Köhler, IFW Dresden, unpubliziert).

122–, 1111–, 141– und in $LuNi_2B_2C$ darüberhinaus auch die 114–Phase[1]. Der direktere Weg die RNi_2B_2C–Phase zu erzeugen führt über die Verwendung einer unstöchiometrischen Schmelzzusammensetzung aus dem Primärkristallisationsgebiet, das im Fall von $LuNi_2B_2C$ als besonders klein ermittelt wurde[2]. Abbildung 1.5 zeigt die ermittelten Primärphasen in einer Projektion des chemischen Phasendiagramms von $LuNi_2B_2C$ ohne Berücksichtigung der Kohlenstoffvariation.

Ein gängiges Verfahren der Einkristallzucht ist das Flussmittelverfahren. Für die Seltenerd–Nickel–Borkarbide hat sich insbesondere Ni_2B als Flussmittel bewährt, da es mit den RNi_2B_2C–Phasen koexistiert und keine Fremdelemente mitbringt, die das System verunreinigen können [Bit00]. Polykristalline

1 Bezeichnungen: „122–Phase“: RNi_2B_2, „1111–Phase“: $RNiBC$, „141–Phase“: RNi_4B und „114–Phase“: $RNiB_4$.

2 A. Köhler, private Mitteilung.

Proben einer passenden Ausgangszusammensetzung werden dabei im Flussmittel aufgeschmolzen. Die Einkristalle wachsen in [001]–Richtung allerdings erheblich langsamer als in [100]-Richtung und haben folglich eine plättchenartige Gestalt. So gezogene Einkristalle sind von sehr hoher Reinheit und Qualität, haben aber nur eine typische Masse von einigen hundert Milligramm bis wenigen Gramm. Untersuchungen mit schwachem und volumenabhängigem Signal, wie z. B. mit Neutronenstreuung, sind damit nicht einfach durchzuführen.

Für größere Kristalle wird daher gerne das Zonenschmelzverfahren verwendet, mit dem in den letzten Jahren für die meisten Seltenerd–Nickel–Borkarbide hochwertige Einkristalle präpariert werden konnten [SBKL05, Sou05, BLS+08]. Aus dem Ausgangsmaterial wird dabei, z. B. durch Induktionsschmelzen, ein polykristalliner und homogenisierter, bis zu mehreren Zentimetern langer Stab gegossen. In einem Spiegelofen wird der Stab dann sehr langsam durch den Fokus leistungsstarker Heizlampen bewegt, so dass nur eine schmale Zone des Stabs aufgeschmolzen wird. Auf der einen Seite der Schmelzzone wird dabei das Ausgangsmaterial aufgeschmolzen, während auf der anderen Seite der Einkristalls wächst. Die Schmelzzone wird dabei nur durch die Oberflächenspannung zusammengehalten. Die Ziehgeschwindigkeit solcher Borkarbid–Einkristalle liegt typischerweise bei weniger als 1 mm pro Stunde. Schließlich wird der Stab der Länge nach charakterisiert. Die einkristallinen Bereiche können dann herauspräpariert werden. Die Herstellung der Verbindung $LuNi_2B_2C$ nach dieser Methode erweist sich als besonders schwierig, da das primäre Kristallisationsgebiet sehr stark von der stöchiometrischen Zusammensetzung abweicht (Abb. 1.5). Die bislang vorliegenden Untersuchungen von $LuNi_2B_2C$–Einkristallen sind deshalb an kleinen Kristallen vorgenommen worden, die nach dem Flussmittelverfahren gezüchtet wurden.

Die $R\mathrm{Ni_2B_2C}$–Phase besitzt ein recht breites Homogenitätsgebiet, innerhalb dessen die chemische Zusammensetzung jedoch einen großen Einfluss auf die supraleitenden Eigenschaften hat. Beispielsweise sinkt die supraleitende Sprungtemperatur von 15,5 K in $YNi_2B_2C_{1,1}$ auf 14,8 K in $Y_{1,1}Ni_2B_2C$ [BFK+95]. Noch stärker kann sich die Abweichung des Borgehalts von der stöchiometrischen Zusammensetzung auf die Supraleitung auswirken. Nichtmagnetische und magnetische Borkarbide verhalten sich dabei unterschiedlich:

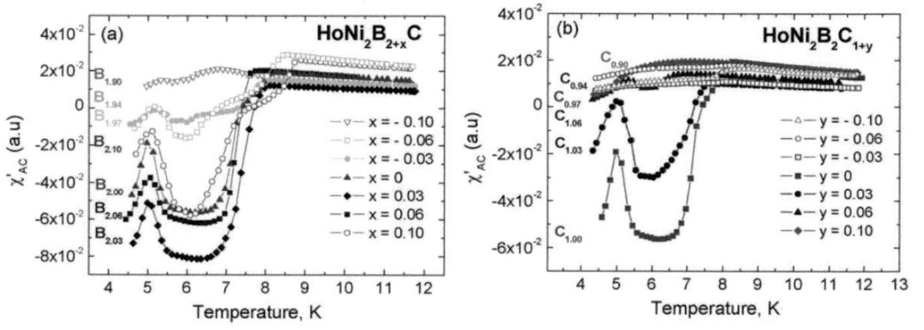

Abb. 1.6: Suszeptibilitätsmessungen der supraleitenden Übergänge kristalliner $HoNi_2B_2C$–Proben mit variierender Bor– oder Kohlenstoff–Einwaage. Der Übergang bei 7–8 K verschwindet schon bei geringen Abweichungen von der stöchiometrischen Zusammensetzung [Sou05, SBLT08].

Für YNi_2B_2C liegt im Bereich von x = 1,4...2,1 in YNi_2B_xC die Sprungtemperatur polykristalliner Proben bei 15,5 K und fällt unterhalb von $x = 1{,}4$ auf 12 K in YNi_2B_1C ab [SKS+97]. Dagegen verschwindet in $HoNi_2B_2C$ schon bei Abweichungen von wenigen Prozent der supraleitende Übergang bei 8 K, und die Phase geht erst bei 4–5 K in den supraleitenden Zustand über (Abb. 1.6). Umfangreiche Untersuchungen an polykristallinen $HoNi_2B_2C$–Proben mit unterschiedlicher Bor– bzw. Kohlenstoffeinwaage wurden dazu von Souptel et al. publiziert [Sou05, SBLT08]. Darüberhinaus kann es sogar innerhalb eines Einkristalls zu graduellen Veränderungen der chemischen Zusammensetzung kommen [SBKL05].

1.4 Supraleitung in SE–Ni–Borkarbiden (II)

1.4.1 Das obere kritische Feld H_{c2}

Das obere kritische Feld definiert den Phasenübergang zwischen dem supraleitenden und dem normalleitenden Zustand einer Probe im Phasenraum von Temperatur T und der Stärke der magnetischer Induktion $\vec{B}$. Für klassische Typ–2–Supraleiter verläuft das obere kritische Feld gemäß

$$H_{\mathrm{c2}} = H_{\mathrm{c2}}(0) \cdot \left(1 - \frac{T}{T_c}\right)^n, \qquad n > 0 \tag{1.2}$$

mit T_c : kritische Temperatur in Abwesenheit eines äußeren magnetischen Feldes und einem Exponenten n > 0.

Nur für $T_c \equiv T_c\,|_{H=0}$ existiert ein Phasenübergang 2. Ordnung, da die Ableitung $\delta S/\delta T = C_v$ hier einen Sprung hat. Gleichzeitig geht für $H = 0$ die Energielücke $|\Delta|$ stetig gegen Null. Diese makroskopischen thermodynamischen Eigenschaften lassen sich mit der Ginzburg–Landau–Theorie beschreiben, die einen stetig veränderlichen supraleitenden Ordnungsparameter im Probenvolumen voraussetzt. Damit lässt sich – im Gegensatz zur Londontheorie – auch die Shubnikovphase berücksichtigen, in der der supraleitende Bereich von magnetischen Fluss–Schläuchen mit normalleitendem Kern durchzogen ist. Eine quantentheoretische Erklärung für Typ–2–Supraleiter wurde mit der BCS–Theorie geliefert, die 1957 vorgestellt wurde und eine schwache Korrelation von Elektronen entgegengerichteter Spins und Impulse zu sogenannten Cooper–Paaren beschreibt. Diese verhalten sich wie Bosonen und stellen die Ladungsträger der supraleitenden Phase dar.

Stärkere Elektron-Phonon-Kopplung kann durch das Eliashberg–Modell [Eli60] beschrieben werden, in welchem ein ganzes Spektrum virtueller Phononen berücksichtigt werden kann. Im Vergleich zum BCS–Modell kann die resultierende Energielücke nach dem sogenannten „α–Modell“ skalieren [FDF+98]: $\Delta(T) = \alpha/\alpha_{\mathrm{BCS}}\Delta_{\mathrm{BCS}}(\mathrm{T})$ mit $\alpha = \Delta(0)/k_b T_c$. Im sogenannten isotropen Einbandmodell folgen daraus analytische Formeln für verschiedene Kenngrößen, wie z. B. das obere kritische Feld $H_{c2}(T \to 0)$ und die Londonsche Eindringtiefe λ_L (siehe auch z. B. [W07]).

Bei den nichtmagnetischen Seltenerd–Nickel–Borkarbiden, also YNi_2B_2C

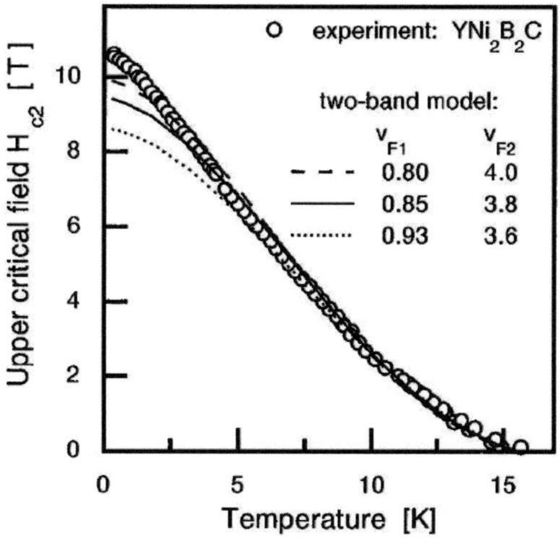

Abb. 1.7: Temperaturabhängigkeit des oberen kritischen Feldes eines YNi_2B_2C–Einkristalls für $\vec{H} \,||\, [001]$. Das Zweibandmodell erklärt den Verlauf dadurch, dass zwei Gruppen von Elektronen mit um den Faktor 5 unterschiedlichen Fermigeschwindigkeiten beteiligt sind (aus [SDF+98]).

und $LuNi_2B_2C$, tritt im Verlauf des oberen kritischen Feldes über der Temperatur ein Krümmungswechsel in der Nähe der kritischen Temperatur auf, der umso stärker sichtbar wird, je reiner die entsprechende Probe ist (Abb. 1.7). Dieser Krümmungswechsel, der später auch bei MgB_2 beobachtet wurde, lässt sich mit dem isotropen Einbandmodell nicht simulieren [SDF+98].

Eine von Drechsler et al. ausgearbeitete Erklärung ist, dass Gruppen von Elektronen aus verschiedenen Bändern mit unterschiedlichen Fermigeschwindigkeiten zur Supraleitung beitragen [SDF+98, DSM+99, DOS+03]. Die Supraleitung wird nach diesem Modell maßgeblich von Elektronen mit starker Elektron–Phonon–Kopplung bestimmt, deren Fermigeschwindigkeiten deutlich geringer als der Durchschnitt an der Fermifläche sind. Eine starke Interbandstreuung kann die Kopplung allerdings so stark stören, dass die Krümmung wenig oder gar nicht in Erscheinung tritt. Das Auftreten der Krümmung ist daher unter anderem ein Indiz für eine hohe Reinheit einer Probe [DSM+99].

Dieses sogenannte „Mehrbandmodell“ beschreibt unter anderem auch den Krümmungswechsel korrekt (Abb. 1.7). Die Theorie wurde durch die Entdeckung von MgB_2 bestätigt, das heute als „klassischer“ Zweibandsupraleiter gilt. Im Gegensatz zu den Borkarbiden nehmen hier zwei Gruppen von Elektronen mit unterschiedlicher Bahnsymmetrie (σ– und π–Orbital) an der Supraleitung teil. Inzwischen wurde die Mehrband–Theorie erfolgreich zur Beschreibung der thermodynamischen Eigenschaften neuer supraleitender Systeme, wie z. B. $MgCNi_3$, angewandt [WFM$^+$04, MFD$^+$07].

Der Wechsel der Krümmung des oberen kritischen Feldes nichtmagnetischer Borkarbid–Supraleiter nahe T_c von negativer zu positiver Krümmung wurde ursprünglich anhand von Messungen der spezifischen Wärme festgestellt [MHDH95], aber auch bei resistiven Messungen im Magnetfeld beobachtet. Diese können prinzipiell auch durch den Zustand des magnetischen Flusses im Supraleiter für H $\leq H_{c2}$ beeinflusst sein [DSM$^+$99]. Der Krümmungswechsel wurde aber auch in weiteren Magnetisierungs- und spezifischen Wärmemessungen bestätigt und stellt daher eine inhärente thermodynamische Eigenschaft aller reinen (hier im Sinne von „clean limit“) Supraleiter vom Typ R-M-B-C dar [DSM$^+$99].

Für magnetische und gleichzeitig supraleitende $R\mathrm{Ni_2B_2C}$ ist die Situation aufgrund der auftretenden magnetischen Phasen und komplizierten Wechselwirkungen, z. B. *Reentrant*–Verhalten, kompliziert. Das in dieser Hinsicht modellhafte Ho–System ist inzwischen gründlich untersucht worden und anhand hochreiner Einkristalle auch in seinen Details weitgehend verstanden [MFD$^+$07, NKY$^+$07, SGK$^+$08].

1.4.2 Unordnungseffekte

Die elektronischen Eigenschaften können auch in stöchiometrisch zusammengesetzten Seltenerd–Nickel–Borkarbid–Einkristallen in Abhängigkeit von der strukturellen Ordnung noch stark variieren. Dies betrifft vor allem die Ordnung der leichten Bor– und Kohlenstoffatome auf ihren Plätzen. Beispielsweise fanden Dertinger et al. einen großen Einfluss des thermodynamischen Ordnungszustands auf die Supraleitungseigenschaften in $HoNi_2B_2C$ anhand von verschiedenen Stücken *einer* Probe, die aus unterschiedlichen Glühtemperaturen abgeschreckt wurden; u. a. variierte die kritische Temperatur zwischen 8 und 9 K [DDK+01].

Vor allem bei nichtmagnetischen SE–Ni–Borkarbiden hängt auch der Verlauf des oberen kritischen Feldes von der kristallinen Ordnung ab [DSM+99]: Für Proben, die sich im „clean limit"–Zustand befinden, wo also die mittlere freie Weglänge wesentlich größer ist als die BCS–Kohärenzlänge, ist die positive Krümmung stärker ausgeprägt als für Proben mit einem „dirty limit"–Zustand. Dies wurde an Substitutionsreihen eindrucksvoll gezeigt: Für nichtmagnetische Borkarbid-Supraleiter mit künstlich eingebrachten Streuzentren (hier durch Substitution von Nickel durch Platin) in YNi_2B_2C, ist der Krümmungswechsel nur schwach bis gar nicht zu beobachten [DRS+00]. Insbesondere zeigt erst der Krümmungswechsel den Beitrag beider elektronischer Bänder auf; bei nur schwach bis gar nicht ausgeprägter positiver Krümmung nahe T_c reicht dann eine Beschreibung mit einem effektiven Einbandmodell aus.

Abbildung 1.8 zeigt die Konsequenzen der künstlichen Streuzentren für das obere kritische Feld. YNi_2B_2C–Proben mit unterschiedlicher Platin–Substitution wurden auf gleiche Weise präpariert [LSG+02]. Die Substitutionsreihe zeigt für wachsende Platinkonzentration bis 20% erst eine Abnahme der kritischen Temperatur von 15,5 K auf etwa 12 K, bevor die kritische Temperatur dann wieder leicht ansteigt. Ebenso nimmt das für $T \rightarrow 0$ extrapolierte kritische Feld $H_{c2}(0)$ ab. Systematische Auswirkungen zeigen sich auch in der spezifischen Wärme. Für höhere Platin–Konzentrationen nimmt die Krümmung noch weiter ab, während H_{c2} (0) wieder ansteigt [FMD+04]. Auf diese Weise lässt sich ein gradueller Übergang vom „clean limit" zum „dirty limit" simulieren. Da aber der Verlauf von H_{c2} in Abhängigkeit von der Platin–Konzentration sich dem Verlauf eines „dirty limit" nur annähert (Abb. 1.8), spricht man in diesem Fall vom „quasi–dirty–limit". Im theoretischen Modell wird dafür die Intrabandkopplung fixiert und die Interbandkopplung für Streueffekte freigegeben. Es zeigt sich dann, dass mit wachsender Streuung zwischen den Bändern das obere kritische Feld abnimmt [FMD+04].

Aufgrund des phänomenologischen Zusammenhangs zwischen der Ausprägung der positiven Krümmung des oberen kritischen Feldes, der mittleren freien Weglänge und dem für $T \rightarrow 0$ extrapolierten Wert des oberen kritischen Feldes H_{c2} stellt der Grad der Krümmung zusammen mit letzterem ein

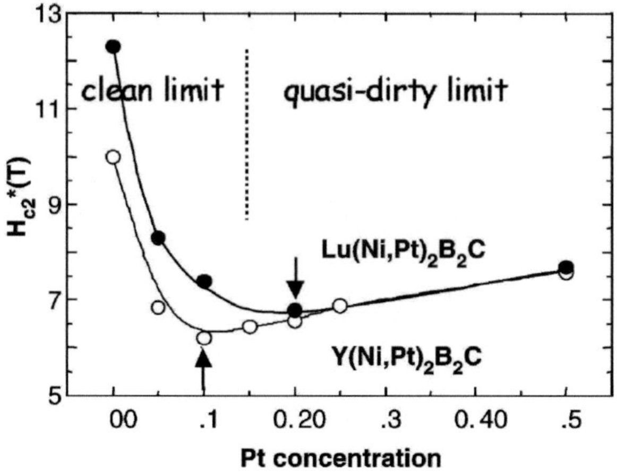

Abb. 1.8: Oberes kritisches Feld H_{c2} einer polykristallinen $R(\mathrm{Pt_xNi_{1-x}})\mathrm{B_2C}$ Probenserie für R=(Y,Lu) als Funktion der Platin-Konzentration. Der Pfeil markiert den Übergang vom „clean limit“ zum „dirty limit“ (aus [FMD$^+$04]).

einfaches Maß für die Güte des „clean limit“ und damit für die Qualität der Borkarbidproben dar. Es wird in den folgenden Kapiteln auch zur Bewertung der Dünnschichtproben verwendet.

Eine einfache Parametrisierung des temperaturabhängigen Verlaufs des oberen kritischen Feldes H_{c2} (T) ist durch ein Potenzgesetz der Form

$$H_{c2}(T) = H_{c2}(0)\left(1 - \frac{T}{T_c}\right)^{(1+\alpha)} \tag{1.3}$$

für Temperaturen T $\gtrsim \frac{1}{2}T_c$ möglich [SGK$^+$08]. Der Wert α als Maß für die Krümmung und der extrapolierte Wert $H_{c2}(0)$ können dann für verschiedene Proben verglichen werden. Je größer α, desto stärker ist die Krümmung, und desto reiner ist folglich die Probe. Gleichzeitig sinkt der extrapolierte Wert $H_{c2}(0)$. Hier korreliert also ein kleinerer Wert für $H_{c2}(0)$ mit einer strukturell reineren Probe.

Die positive Krümmung des oberen kritischen Feldes als Indikator für den „clean limit“–Zustand tritt in Massivproben in der Regel erst nach einer mehrtägigen Glühung bei hohen Temperaturen (ca. 1000 °C) auf, die die Proben durch Diffusionsprozesse in einen geordneten Zustand überführt. Aufgrund der sehr unterschiedlichen Massen der beteiligten Atome kommt es dabei zu unterschiedlichen Diffusionsprozessen: Während sich die Seltenerdatome ordnen, können die leichten Elemente Bor und Kohlenstoff ihre Ordnung untereinander wieder verlieren. Das zeigen Messungen der Elektronendichteverteilung[3] an einem entsprechend behandelten $HoNi_2B_2C$–Einkristall. Ein zweiter Glühvorgang bei mittleren Temperaturen (500 °C) ist danach geeignet die Ordnung gezielt auf den Bor–Kohlenstoff–Plätzen zu verbessern (nähere Details in [Sou05]). Dieses Verfahren wurde in den letzten Jahren speziell für reine und hochreine Einkristalle angewandt und hat zu sehr guten Werten hinsichtlich Restwiderstand und kritischer Temperatur geführt. Die Werte für die Restwiderstandsverhältnisse der derzeitigen Referenzkristalle liegen beispielsweise für $HoNi_2B_2C$ bei 19 [SGK+08] und für $LuNi_2B_2C$ bei 27 [SDF+98] (polykristalline $LuNi_2B_2C$ –Proben: bis 44 [FDF+98, FMD+04]), und für YNi_2B_2C wurden sogar 48 [SBKL05] bis 63 [BSLC06, MSFD08] erreicht.

1.5 Untersuchungen an Dünnschichten

Bevor die bisherigen Untersuchungen an Dünnschichten zusammengefasst werden, wird kurz der Begriff der „Textur“ definiert:

In einem polykristallinen Festkörper liegt eine Textur entlang einer ausgezeichneten Achse vor, wenn ein Großteil der Kristallite (Körner) entlang dieser ausgerichtet ist. Je geringer die mittlere Abweichung der Ausrichtung der Kristallite von dieser Achse ist, desto schärfer ist die Textur. Welche Schärfe erreichbar ist, hängt erheblich von den beteiligten Materialien und dem verwendeten Schichtaufbau ab. Man kann die Textur als Qualitätsmerkmal für die geometrische Ordnung der einzelnen Körner zueinander verstehen. Liegt die erwähnte Ordnung entlang einer Achse vor, spricht man von einer Fasertextur. Die Körner können senkrecht zu dieser Achse regellos ausgerichtet sein. Am häufigsten ist die Fasertextur in „out–of–plane“–Richtung, also mit einer gemeinsamen Achse entlang der Oberflächennormalen (Abb. 1.9). Besitzen die Körner zusätzlich entlang zweier Basalvektoren eine ähnliche

3 T. Leisegang et al.: Abb. 12 in [MSFD08], S. 207.

Ausrichtung, so ist die Textur vollständig bestimmt. Dieser Fall wird auch „biaxial“ genannt. Je nach Schärfe erhält man dann einen Festkörper, der einkristallähnliche Eigenschaften aufweisen kann. Ein Einkristall ist in alle Richtungen, bis auf Kristallfehler wie z. B. Versetzungen, perfekt texturiert.

1.5.1 Rückblick

Auch die Herstellung und Untersuchung von Dünnschichten aus Seltenerd–Nickel–Borkarbiden wurde schon unmittelbar nach der Entdeckung begonnen, und zwar zunächst mit dem Magnetronsputter–Verfahren für YNi_2B_2C [AHH+94, AHNT98]. Die Dünnschichten wurden dazu bei Raumtemperatur von stöchiometrischen Targets auf einkristalline MgO(100)–Substrate gesputtert und anschließend in einem Vakuumofen bei 900 °C bzw. 1050 °C geglüht. Bei der Glühtemperatur von 1050 °C bildete sich eine c–Achsen–texturierte YNi_2B_2C–Phase mit einem Atomverhältnis von 1:2 für Y:Ni (der Bor– und der Kohlenstoffgehalt wurden nicht gemessen), einem supraleitenden Sprung bei 15 K und einem spezifischen Restwiderstand von ca. 40 $\mu\Omega$cm. Messungen des kritischen Stroms im Eigenfeld zeigten eine out–of–plane–Anisotropie von ca. 2–3.

Die so hergestellten YNi_2B_2C–Schichten wachsen nicht direkt auf dem Magnesiumoxid–Substrat auf. Vielmehr bildet sich zwischen der Borkarbidschicht und der Substratoberfläche unter der Hitzeeinwirkung eine Oxidschicht aus, die aus der Reaktion der Seltenerdatome mit dem Sauerstoff aus dem Substrat entsteht [HHHS00]. Die Oxidschicht wirkt dabei gleichzeitig als Sauerstoffabsorptionsbarriere und als Wachstumsunterlage für die Seltenerd–Nickel–Borkarbidschicht.

Die Phasenbildung solcher Borkarbid–Dünnschichten konnte in den folgenden Jahren durch verschiedene Verfahren, insbesondere durch die Beschichtung in–situ geheizter Substrate, verbessert werden. Die Herstellung mit Laserdeposition ermöglicht eine bessere Parameterkontrolle und trug mit dazu bei, qualitativ hochwertigere YNi_2B_2C–Schichten herzustellen, bei denen eine entsprechende positive Krümmung des oberen kritischen Feldes deutlich sichtbar ist [HHHS00]. Metallische Pufferschichten wie Wolfram verhindern zwar die Oxidation, stören aber aufgrund von Karbidbildung das Wachstum der

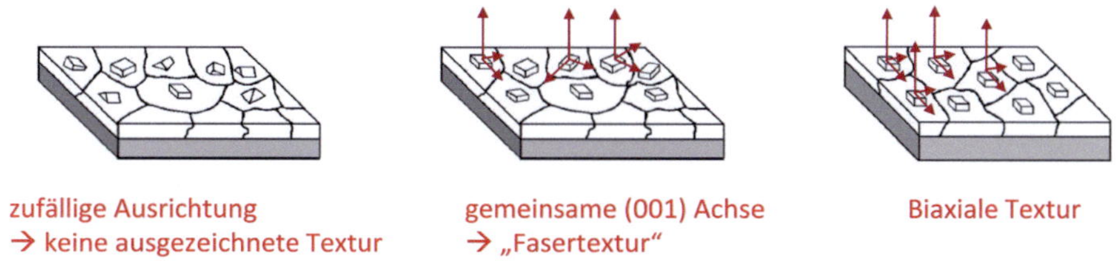

Abb. 1.9: Wichtige Arten von Schichttexturen. Nach [H03].

supraleitenden Phase [HHHS00, GMP$^+$01] und verhindern ein epitaktisches Wachstum der Borkarbidschicht.

Eine hohe Beschichtungsrate in Verbindung mit hoher Temperatur erbrachte Borkarbid–Schichten, bei denen zusätzlich zur out–of–plane–Textur auch eine partielle in–plane–Ordnung entstehen kann [H00, WHSH01]. Damit ist auch die winkelabhängige Messung von kritischem Feld und kritischer Stromdichte parallel zur Basalebene möglich [H00, HHS00, WH06, WSH04]. Allerdings entsteht eine solche in–plane–Textur auf MgO(100) erst bei hohen Beschichtungsraten und einigen 100 nm Dicke [GMP$^+$01, WHSH01]. Eine scharfe out–of–plane–Textur mit einer Halbwertsbreite von weniger als 2° ist hingegen auch bei dünneren Schichten gemessen worden. Eine biaxiale in–plane–Textur von $LuNi_2B_2C$ auf MgO(110) wurde erstmals von Ferdeghini et al. festgestellt [FGB$^+$03], wobei jedoch, abgesehen von einer starken Verschlechterung des Restwiderstandsverhältnisses, keine Aussagen über die Transporteigenschaften der untersuchten Schicht getroffen wurden.

Anwendungsmöglichkeiten der Dünnschichten

Die Untersuchungsmöglichkeiten solcher SE–Ni–Borkarbid–Dünnschichten lassen sich in mehrere Gruppen gliedern:

- Untersuchungen, die intrinsische Eigenschaften der Phase zugänglich machen, beispielsweise die Messung der Energielücke [ACG$^+$01, BNY$^+$05] oder des oberen kritischen Feldes [HHS00, WSH04, WH06]
- Untersuchungen extrinsischer Eigenschaften wie zum Beispiel der kritischen Stromdichte [WSH03] oder supraleitende „Junctions“ [GCF$^+$00]

- Untersuchungen, die mit massiven Proben nicht so einfach möglich sind, z. B. die magneto–optische Messung der Verteilung des magnetischen Flusses [WHJ04, BRW+05] oder verschiedene spektroskopische Untersuchungsmethoden

und natürlich die Untersuchung der morphologischen Eigenschaften der Dünnschichtproben selbst. Außerdem können Dünnschichten prinzipiell helfen die Symmetrie des supraleitenden Ordnungsparameters zu klären. Eine solche Untersuchung wurde etwa an $YBa_2Cu_3O_{7-\delta}$–Dünnschichten durchgeführt [TKC+94]. Hierfür sind allerdings wohldefinierte Korngrenzen und eine perfekte Beherrschung der technischen Schichtabscheidung erforderlich.

1.5.2 Anisotropie von H_{c2}

Der Ursprung der Anisotropie des oberen kritischen Feldes liegt im anisotropen Massenverhältnis an den Fermiflächen. Eine methodisch grundlegende Untersuchung zur Anisotropie von $LuNi_2B_2C$–Einkristallen wurde 1997 von Metlushko et al. publiziert [MWK+97]. Dort wurde das obere kritische Feld H_{c2} mittels Suszeptibilitätsmessungen an einem Einkristall in verschiedenen Winkeln zum Magnetfeld bestimmt und mehrere Anisotropiefunktionen daraus abgeleitet. Dieser Ansatz, der auch von Krug für weitere Untersuchungen verwendet wurde [Kru00], wird auch in Kapitel 5 verwendet, um den Verlauf des oberen kritischen Feldes H_{c2} der $LuNi_2B_2C$–Dünnschichten quantitativ zu beschreiben und mit denen von Einkristallen zu vergleichen.

Der Verlauf des oberen kritischen Feldes der nichtmagnetischen $R\mathrm{Ni_2B_2C}$–Supraleiter ist für YNi_2B_2C–Dünnschichten schon vermessen worden [WSH04]. Es ist daher besonders interessant das Bild anhand hochwertiger $LuNi_2B_2C$–Dünnschichten zu erweitern. Die ausgezeichnete Texturordnung der hergestellten Proben in und senkrecht zur Basalebene ermöglicht insbesondere die präzise Messung und die Parametrisierung des oberen kritischen Feldes in allen drei Kristallrichtungen.

2 Schichtpräparation

In diesem Kapitel werden die Verfahrensschritte beschrieben, mit denen die in dieser Arbeit untersuchten Schichten hergestellt wurden. Dazu gehören die Herstellung der stöchiometrischen Schmelztargets, die gepulste Laserdeposition der Schichten im Ultrahochvakuum und die Einstellung der optimalen Beschichtungsparameter, mit denen erstmals hochwertige, biaxial texturierte Borkarbidschichten hergestellt werden konnten.

2.1 Gepulste Laserdeposition

Die Dünnschichtsynthese supraleitender Schichten im Labormaßstab findet je nach Materialsystem überwiegend mit physikalischen Beschichtungsverfahren unter Vakuumbedingungen oder Reaktivgasatmosphäre statt. Für metallische Systeme ist beispielsweise das Molekularstrahlverfahren im Ultrahochvakuum verbreitet, das wegen der häufigen Anwendung auf sehr dünne epitaktische Schichtsysteme auch als Molekularstrahlepitaxie bezeichnet wird. Die Ordnung der Adatome auf der Oberfläche stellt sich dabei im thermodynamischen Gleichgewicht zwischen den Grenz– und Oberflächenenergien und der thermisch induzierten Oberflächenmobilität ein und findet ausschließlich in der Schichtebene statt.

Von den physikalischen Beschichtungsmethoden im thermodynamischen Ungleichgewicht, also mit erheblichem kinetischen Energieeintrag in die Schicht, ist neben dem Magnetronsputtern insbesondere die gepulste Laserdeposition („Pulsed Laser Deposition“: PLD) in den vergangenen Jahren zu einem leistungsfähigen Verfahren für die Abscheidung metallischer oder keramischer Schichtsysteme im Labormaßstab entwickelt worden.

Hierbei trifft ein hochenergetischer Laserstrahl auf ein Festkörpertarget, das dadurch lokal überhitzt wird und thermischen Materialdampf freisetzt.

Der Materialdampf wird dann durch den Laserpuls so stark erhitzt, dass er in ein Plasma umgewandelt wird, das sich senkrecht zur Oberfläche in einer keulenförmigen Wolke explosionsartig ausbreitet und gegenüber des Targets auf einem Substrat niederschlägt. Die Ausdehnung des Plasmas senkrecht zur Targetoberfläche ist nahezu unabhängig vom Einfallswinkel des Laserstrahls. Das Plasma kann Atome, Ionen und Moleküle enthalten, aber zusätzlich können auch größere Materialpartikel von dem Target ablatiert werden, die sich auf dem Substrat als sogenannte „Droplets“ niederschlagen und die Schichtqualität negativ beeinflussen können. Die Bildung von Droplets kann durch geeignete Verfahren vermieden werden, so z. B. die „off axis“–Deposition [HRS+92], bei der die Partikel aufgrund ihrer Trägheit am Substrat vorbeifliegen, oder durch die „eclipse“–PLD, bei der sie durch eine geeignete Blende abgeschattet werden. Beide Verfahren setzen einen hohen Hintergrundgasdruck voraus, da die Substrate vorwiegend durch gestreute Partikel beschichtet werden. Da dies mit einer niedrigen Depositionsrate verbunden ist, konnten diese Verfahren hier nicht angewandt werden. In dieser Arbeit wurde die Laserdeposition im Ultrahochvakuum (UHV) und daher in klassischer „on axis“–Geometrie verwendet, bei der Targetoberfläche und Schichtoberfläche zueinander parallel sind.

Sowohl die gepulste Laserdeposition als auch das Magnetronsputtern bieten dabei die Möglichkeit die Keimbildungs- und Oberflächenreaktionen durch Variation der Partikelstromdichte und der Partikelenergie auch kinetisch zu beeinflussen. Magnetronsputtern stöchiometrischer Verbindungen erfordert allerdings häufig die Verwendung von Kathoden mit nichtstöchiometrischer Zusammensetzung, da sowohl der Dampfdruck als auch die Sputterausbeute (die Zahl der pro auftreffendem Ion aus der Kathode freigesetzten Atome) für verschiedene chemische Elemente oft stark verschieden sind. In der Regel wird die benötigte Kathodenzusammensetzung in einem iterativen Prozess für einen konkreten Parametersatz und eine gewählte Kathodengeometrie ermittelt. Auf der Substratoberfläche kann die chemische Zusammensetzung durch den Energieeintrag des zerstäubten Materials ebenfalls beeinflusst werden. Eine erwünschte Veränderung der Partikelenergie kann so zu einer unerwünschten Veränderung der chemischen Zusammensetzung der abgeschiedenen Schichten führen.

Die PLD hat demgegenüber den Vorteil, dass auch Materialien mit Bestandteilen unterschiedlicher Dampfdrücke stöchiometrisch abgeschieden werden können. Dadurch können auch für komplexe Legierungen stöchiometrische Targets verwendet werden. Im UHV kann darüberhinaus die Partikelstromdichte durch mehrere, voneinander annähernd unabhängige Parameter kontrolliert werden. Dazu zählen unter anderem der Energiedichteeintrag des Lasers über der Brennfleckgröße auf der Targetoberfläche und der Abstand zwischen Target und Substrat. Die laterale Ausbreitung des Laserplasmas erfolgt gemäß einer $\cos^n(r)$–Funktion mit n $\gg$ 1, so dass eine Vergrößerung des Abstands sich in einem nur leicht verringerten Partikelstrom auf der Substratoberfläche äußert. Die laterale Homogenität der Schicht kann demgegenüber durch eine Verkleinerung der Brennfleckgröße, z. B. durch eine im Strahlengang positionierte Blende, erheblich verbessert werden, da sich die laterale Ausdehnung des Plasmadampfes umgekehrt proportional zur Größe der entsprechenden Brennfleckdimension verhält (z. B. [KSB95]).

Auch bei konstanter Brennfleckgröße kann die Partikelstromdichte durch Variation des Energieeintrags auf das Target bei konstanter Strahlgeometrie verändert werden. Unterhalb einer kritischen und stark materialabhängigen Energiedichteschwelle bestimmt die Energiedichte, welcher Volumenanteil des Targets aufgeschmolzen und anschließend im Plasma verdampft wird. Oberhalb davon wird das Plasma durch den Laser im wesentlichen nur noch weiter geheizt, was zu einer Sättigung der Ablationsrate führt. Diese kritische Energiedichteschwelle liegt für keramische Materialien typischerweise bei ca. 1 J/cm^2, während metallische Materialien wegen ihrer besseren Wärmeleitfähigkeit, aufgrund derer die eingestrahlte Energie in ein größeres Volumen abgeleitet wird, typischerweise 3–5 J/cm^2 erfordern. Mit steigender Laserfluenz steigt der Materialabtrag in erster Näherung linear, um bei höheren Energien in eine Sättigung zu führen. Die sichtbare Ausdehnung des Plasmas senkrecht zum Target beträgt im Vakuum einige mm bis zu ca. einem Zentimeter.

Darüberhinaus haben metallische Targets aufgrund der höheren Wärmeleitfähigkeit im Gegensatz zu keramischen Targets die Tendenz, an der Oberfläche säulenartige Erstarrungskörner („Spikes“) zu bilden, die zur Einfallsrichtung des Laserlichts hin orientiert sind. Diese haben zwei unerwünschte Effekte:

Einerseits stellen solche Spikes Instabilitäten der Oberfläche dar, wodurch größere Tropfen des Targetmaterials ablatiert werden können, die sich als sogenannte „Droplets“ auf dem Substrat niederschlagen und das Schichtwachstum beeinträchtigen. Andererseits führen Spikes zur Abschattung der Oberfläche und dadurch zur Reduktion der Abscheidemenge. Die Spikebildung ist stark von der Energiedichte abhängig. Man ist daher bestrebt durch die Wahl einer ausreichenden aber vergleichsweise geringen Energiedichte und eine Variation des Laserstrahleinfallswinkels die Spikebildung zu minimieren. Gegebenenfalls müssen die Spikes durch mechanisches Schleifen der Targetoberfläche entfernt werden.

Das Verhältnis zwischen Abbildungsgröße und Energiedichte des Lasers einerseits und dem Abstand zwischen Target und Substrat andererseits fixiert das Parameterfenster für die Partikelstromdichte. Innerhalb dessen kann durch Variation der Laserpulsenergie der Energiedichteeintrag im Brennfleck verändert werden. Damit kann beispielsweise ein unvermeidbarer Nebeneffekt der Laserdeposition, die mit der Dauer der Ablation zunehmende Beschichtung des Laserstrahleintrittsfensters, in gewissen Grenzen ausgeglichen werden um im Verlauf einer oder mehrere Beschichtungen annähernd gleiche Bedingungen herzustellen[1].

Hält man den Abstand zwischen Target und Substrat sowie die Strahlgeometrie konstant und liegt die Energiedichte im linearen Bereich des Abtrags, so kann (im UHV) durch Variation der Pulsenergie die Partikelstromdichte verändert werden, ohne dass (bei Verwendung von Legierungstargets) die chemische Zusammensetzung oder der kinetische Energieeintrag entscheidend verändert werden. Diese Bedingungen einzustellen und gleichzeitig eine passende Wachstumsgeschwindigkeit der Schicht zu gewährleisten ist die wichtigste Herausforderung bei der Probenherstellung. Zu berücksichtigen bleibt noch die Variationsmöglichkeit der Laserwiederholfrequenz. Auch wenn die Oberflächenreaktionen auf einer um viele Größenordnungen kleineren Zeitskala

1 Durch Plazierung des Fensters im Fokus des Laserstrahls kann die metallische Beschichtung teilweise entfernt werden. Erfahrungsgemäß ist jedoch eine regelmäßige Politur mit Diamantpaste angebracht, da so besser verhindert werden kann, dass die Beschichtung in die Quartzglasoberfläche des Laserstrahleintrittsfensters einbrennt. In dieser Arbeit stellte es sich schließlich als notwendig heraus das Laserstrahleintrittsfenster nach ca. 800 nm Nettoschichtdicke, entsprechend ca. 4 Schichten, auf solche Weise zu reinigen.

ablaufen, ist in der Regel ein großer Einfluss der Laserwiederholrate auf die Schichtmorphologie feststellbar.

Partikelstromdichte und Laserwiederholrate werden üblicherweise zur Depositionsrate zusammengefasst[2]. Im resultierenden Parameterbereich lässt sich dann der Einfluss der Depositionsrate auf die Wachstumseigenschaften der Schichten untersuchen.

2.2 Vakuumrezipient und technischer Aufbau

Zur Herstellung der Schichten wurde ein für Ultrahochvakuum ausgelegter Standard–Rezipient der Firma *BesTec* mit Laserstrahleintrittsfenster, Substrat– und Targetmanipulator und einer Standardausrüstung von Vakuum–Messgeräten verwendet[3]. Eine schematische Skizze des Funktionsprinzips ist in Abb. 2.1 zu finden. Die Substrate werden durch eine UHV–Schleuse ein– und ausgeschleust, wodurch auch über mehrere aufeinanderfolgende Beschichtungsvorgänge ein Basisdruck von 2–3 $\cdot 10^{-9}$ mbar gehalten werden kann. Die Substrate können rückseitig durch einen Bornitridheizer vom Typ *Tectra „Boralectric“* im Vakuum auf Temperaturen bis über 1150 °C geheizt werden.

Die Targets werden während der Beschichtung so bewegt, dass ein möglichst gleichmäßiger Oberflächenabtrag entsteht, was eine möglichst geringe Zunahme der Oberflächenrauhigkeit des Targets während der Beschichtung gewährleistet. Mit zunehmender Rauhigkeit nimmt nicht nur die Ablationsrate ab, sondern kippt auch die Plasmakeule in Richtung des einfallenden Laserstrahls, so dass bei großem Substratabstand das Substrat nicht mehr notwendigerweise im gerichteten Materialstrom zentriert ist.

Als Laserlichtquelle wurde ein *Lambda–Physik* LPX 305 KrF–Excimer–Laser mit einer Wellenlänge von 248 nm verwendet, dessen Strahl durch im ultravioletten Licht aktive Spiegel in die Kammer und unter einem Winkel von 45 ° auf das Target gelenkt wurde. Als Lichtquelle wird in diesem Lasertyp eine Füllung aus Neon, Fluor und Krypton verwendet, wobei elektrisch angeregte KrF–Komplexe die Funktion der Besetzungsinversion übernehmen.

2 In dieser Arbeit wird aber auch die handliche Größe „abgeschiedene Dicke pro 50 Pulse“ verwendet und als d_{50} [nm] abgekürzt.

3 Siehe auch [H00] und [Wim04].

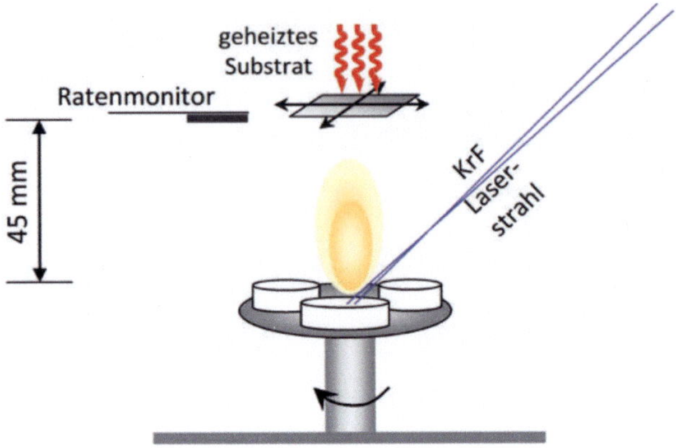

Abb. 2.1: Schematische Skizze des inneren Aufbaus des Vakuumrezipienten

Die Pulsdauer beträgt ca. 25 ns, und die Austrittsenergie pro Puls beträgt abhängig von der eingestellten Thyristorspannung, im folgenden einfach als „Laserspannung" bezeichnet, zwischen 200 mJ und 1,2 kJ. Die Pulsfrequenz des Lasers liegt zwischen 1 und 50 Hz und die Austrittsgröße des Strahls bei ca. 15 mm × 40 mm. Die Homogenität des Austrittsstrahls und die Begrenzung der Strahlaufweitung muss durch regelmäßige Justage der beiden im Laser verbauten Spiegel sichergestellt werden.

Vor dem Laseraustrittsfenster ist eine mit 33 mm × 13 mm relativ große Blende angebracht, die die intensitätsschwachen, inhomogenen Randbereiche des Laserstrahls ausblendet. Die Blende wird durch eine Linse vor dem Laserstrahleintrittsfenster der Vakuumkammer auf die Targetoberfläche abgebildet. Durch eine optisch scharf eingestellte Abbildung erreicht man eine gute Homogenität der Energiedichte im Brennfleck, die für eine stöchiometrische Abscheidung notwendig ist. Auch die Größe des Brennflecks wurde im Verlauf der Arbeit variiert und schließlich auf eine Größe von ca. 1,5 mm × 4 mm fixiert. Für die untersuchten Materialien stellte diese Größe schließlich den besten Kompromiss zwischen Energiedichte, Beschichtungsrate und Schichthomogenität dar. Danach wurde die Brennfleckgeometrie konstant gehalten, da auch schon kleinste Variationen einen großen Einfluss auf die Beschichtungseigenschaften haben. Bei einer Target–Substrat–Distanz von 45 mm und einer leicht exzentrischen Substratrotation konnte so eine ausreichend homogene Beschichtung auf ca. 7 mm × 7 mm Substratfläche erreicht werden.

Zur Temperaturmessung wurden zunächst hochtemperaturfeste Pt–Rh–Mantelthermoelemente verwendet, die in einer Bohrung im Heizer fixiert wurden und die Temperatur im Inneren des Heizers bestimmten – ein Verfahren, das vor allem für eine festgehaltene Substratposition sehr zuverlässige Werte lieferte. Nachdem die Thermoelemente nicht mehr lieferbar waren, wurde ein Infrarot–Pyrometer vom Typ *Impac Infrawin 120* verwendet, dessen Messkreis schräg auf das Substrat gerichtet wurde, und mit dem vor der Beschichtung die Heizertemperatur und nach der Beschichtung die Temperatur der metallischen Schicht gemessen wurde. So ließ sich eine langzeitstabile Messmethode etablieren, die konstante Beschichtungsbedingungen über mehrere Beschichtungsserien ermöglichte. Die Regelung der Heizleistung wurde durch die Ausgangsleistungsregelung eines *Eurotherm* Steuergeräts vorgenommen.

Die Substrate, meist 10 mm × 10 mm × 1 mm große [100]– oder [110]–orientierte MgO–Einkristalle, wurden von der Firma *Crystec* bezogen. Sie wurden vor dem Einbringen in die Vakuumschleuse fünf Minuten lang im Ultraschallbad mit Aceton gereinigt. Vor der Beschichtung wurden die Substrate im UHV erst auf ca. 1100 °C aufgeheizt und anschließend für 15 Minuten auf Beschichtungstemperatur gehalten um ein Temperaturgleichgewicht einzustellen. Nach der Beschichtung wurde der Substrathalter in Pyrometermessposition gefahren und die Schichttemperatur ausgelesen, bevor der Heizer abgeschaltet wurde. Die Schichten kühlten dann ca. eine Stunde lang im Rezipienten auf eine Temperatur unter 100 °C ab, bevor sie ausgeschleust wurden.

2.3 Herstellung der Legierungstargets

Zur Abscheidung der Dünnschichten wurden Legierungstargets in den benötigten Zielstöchiometrien durch Schmelzen und Erstarren hergestellt. Die Targetherstellung für die verschiedenen Verbindungen stellt einen wichtigen Teil dieser Arbeit dar, und es wurden im Laufe der Arbeit, z. B. auch beim Ersatz verbrauchter Targets, mehrere Verfahrensschritte verbessert. Sie wird daher ausführlich beschrieben.

Während der Arbeiten stellte sich zunächst heraus, dass Targets, die ausschließlich durch Schmelzen im Lichtbogenofen hergestellt wurden, aufgrund ihrer Größe zur Lunkerbildung neigen und daher porös sein können. Das Schleifen der Targetoberfläche ist dann problematisch, da die Targets leicht zerbröseln. Außerdem ist die chemische Homogenität bei Targets dieser Größe nicht immer ideal. Daher wurde bei der Targetherstellung schließlich ein zweistufiges Schmelzverfahren verwendet: zuerst mehrere Aufschmelzvorgänge in einem Induktionsofen zur Homogenisierung und anschließend im Lichtbogenofen, wo der Targetrohling entsteht.

Um die Spikebildung zu minimieren, ist ein möglichst großer Targetdurchmesser vorteilhaft. Durch die verwendete Beschichtungsanlage beträgt die maximale Targetgröße im Durchmesser 25 mm und in der Höhe maximal 5 mm, woraus sich bei den verwendeten Materialien ein mittleres Targetgewicht von ca. 20 g abschätzen läßt. Dafür vorgesehene Schleudergussformen konnten für die Borkarbidlegierungen allerdings nicht verwendet werden, da die verwendeten Kupfertiegel nicht für die erforderlichen Schmelztemperaturen (über 1500 °C) geeignet sind. Quartztiegel andererseits begünstigen die Entstehung von Karbiden während des Aufschmelzvorgangs, woraus eine Stöchiometrieverschiebung resultieren könnte, die mit erheblichem analytischen Aufwand und Materialeinsatz erfasst und ausgeglichen werden müsste. Daher wurde auf kontakt– bzw. reaktionsfreie Verfahren zurückgegriffen und ein mehrstufiger Prozess mit Induktions- und Lichtbogenschmelzen für die Herstellung der Targets verwendet.

Abschließend erwies sich folgendes Verfahren als geeignet: Als Ausgangsmaterialien standen Ni– und C–Reinstpulver von *MaTeck*, ^{11}B–Pulver von *Eagle Picher* sowie hochreine Seltenerd–Ingots zur Verfügung. Die Seltenen Erden wurden unter Argonatmosphäre zunächst mit Drahtbürste und Sandpapier mechanisch abgeschmirgelt um Oxidreste zu entfernen, und anschließend mechanisch zerkleinert. Dazu wurden (noch unter Argonatmosphäre) mit einer Schneidpresse Späne von den Ingots abgeschnitten, die anschließend mit einem Bolzenschneider in Krümel einer durchschnittlichen Masse von weniger als 200 mg zerschnitten wurden. So lässt sich im Pressvorgang ein stabiler Pressling erhalten. Die Seltenerdpartikel wurden dann im stöchiometrischen Verhältnis mit dem gemischten Reinstpulver bei 20–30 kN in zylindrische Pillenform gepresst. Diese Pillen von 10 mm Durchmesser und 10–15 mm Höhe wurden

Abb. 2.2: Ausgewählte Prozess-Schritte der Herstellung des $LuNi_2B_2C$–Targets. V.l.n.r.: Gepresste Targetpille, tiegelfreies Induktionsschmelzen unter 0,5 bar Ar–Schutzgasatmosphäre und Target nach den abschließenden Aufschmelzvorgängen im Lichtbogenofen, jedoch vor dem Sägen.

mittels Induktionsschmelzen unter 0,5 bar Argon mehrfach aufgeschmolzen (der minimal erreichbare Hintergrunddruck betrug ca. 2×10^{-6} mbar). Dabei wurden die Proben zunächst einige Sekunden bei der Temperatur des niedrigstschmelzenden Eutektikums (ca. 1100 °C) gehalten, wonach sie mehrmals bis über die Liquidustemperatur (ca. 1520–1570 °C) gebracht, abgekühlt und im Tiegel gedreht wurden. Die mehrfach aufgeschmolzenen Targetrohlinge wurden dann im wassergekühlten Kupfertiegel der Induktionsschmelzanlage abgekühlt (Abb. 2.2).

Nach der Herstellung des Legierungsrohlings durch Induktionsschmelzen wurde die Asche mechanisch entfernt und die Proben danach in einem Lichtbogenofen zwei– oder mehrmals von beiden Seiten aufgeschmolzen um sie in eine flache, runde Form zu bringen. Wichtig ist hierbei das rasche Abkühlen auf einer wassergekühlten Kupferplatte um das Wachstum großer Kristallite aus der Primärphase RNiBC weitgehend zu unterdrücken. Zusätzlich kann ein mehrtägiger Glühvorgang die vorhandenen RNiBC–Kristallite und andere Restphasen in die RNi_2B_2C–Phase überführen, wodurch eine bessere Langzeitstabilität gegen Oxidation gegeben ist[4].

Die abgekühlten, oblat geformten Proben wurden dann äquatorial mit einer wasserbenetzten Bandsäge geteilt. An dieser Stelle zeigt sich eine eventuell mindere Qualität anhand vorhandener Erstarrungshohlräume („Lunker“). Targets mit größeren Lunkern sind für die Laserdeposition schlecht geeignet,

4 G. Behr, private Mitteilung.

da die offenliegenden Innenkanten kraterförmiger Hohlräume die Bildung von Droplets erheblich begünstigen. Insgesamt konnten diese erst mit einiger Erfahrung minimiert werden. Aus dem Material entstehen so zwei dünne Kugelkappen, die jeweils eine idealerweise kreisförmige glatte Fläche aufweisen, die nach mehreren Schleifvorgängen als Targetoberfläche geeignet ist. Die Targets wurden vor Gebrauch üblicherweise mit Schleifpapier (Korngröße 240) nass geschliffen um die entstandene Oberflächenrauhigkeit zu minimieren und zwischen den Beschichtungsserien unter leicht reduzierender Argonatmosphäre aufbewahrt.

2.4 Herstellungsparameter

Frühere Arbeiten über laserdeponierte SE–Ni–Borkarbidschichten zeigten, dass thermisch hochstabile Oxidsubstrate wie MgO oder Saphir und eine Abscheidung mit hoher Beschichtungsrate zu bevorzugen sind. WIMBUSH ET AL. erzielten bei der Synthese von YNi_2B_2C–Dünnschichten auf MgO(001)–Substraten eine c–Achsen–Textur [WHSH01] und eine partielle in–plane–Ordnung für Beschichtungstemperaturen oberhalb von 700 °C. Für niedrigere Temperaturen um 650 °C wurde die Ausbildung einer a–Achsen–Textur beobachtet [WHSH01]. In den c–Achsen–texturierten Schichten konnten in in–plane– und out–of–plane–Richtung Halbwertsbreiten von ca. 2 ° über einem teilweise noch vorhandenen Fasertextur–Untergrund beobachtet werden. Hierbei lagen die Beschichtungsraten oberhalb von 2 nm/s bei einer Laserwiederholrate von 30 Hz (entsprechend $d_{50} > 3$ nm). Die Bedingungen mit einer solch hohen Rate, die durch einen besonders geringen Substrat–Target–Abstand von nur 25 mm erreicht wurde, wurden als „Hochratendeposition“ bezeichnet [HHHS00]. Über eine hohe Einstrahlenergie des Laserlichts wurde neben der Beschichtungsrate auch die kinetische Energie des Partikelstroms erhöht; diese begünstigt offenbar ihrerseits die Wachstumsauslese zugunsten in–plane–texturierter Körner auf der Oberfläche der wachsenden Schicht. Die hohen Partikelenergien können jedoch zu Rücksputtereffekten führen, die die Schichtstöchiometrie negativ beeinflussen. Durch den kleinen Abstand zwischen Substrat und Target ist zudem keine homogene Abscheidung erreichbar.

In dieser Arbeit wurde deswegen ein alternativer Ansatz gewählt, bei dem die Strahlgeometrie zugunsten größerer Homogenität und geringeren Energieeintrags stark verändert wurde. Daraus konnte für $LuNi_2B_2C$ sukzessive ein Parametersatz (Tab. 2.1) entwickelt werden, der im weiteren Verlauf der Arbeit „Optimalbedingungen" genannt wird und mit dem in der Arbeit erstmals die Abscheidung hochgeordneter, supraleitender $LuNi_2B_2C$–Schichten auf MgO-Substraten verschiedener Orientierung demonstriert werden kann.

Tab. 2.1: Optimale Herstellungsparameter für die epitaktischen $LuNi_2B_2C$–Dünnschichten

Beschichtungsparameter	Optimalwert für $LuNi_2B_2C$
Target–Substrat–Abstand	45 mm
Fluenz des Lasers auf dem Target	250 mJ
Größe der Abbildung des Lasers	$1{,}5 \times 4$ mm^2
Beschichtungstemperatur	830 °C
Laserwiederholrate	5 Hz
Beschichtungsrate	0,01 – 0,05 nm/s

3 Strukturelle Eigenschaften der $LuNi_2B_2C$–Dünnschichten

In diesem Kapitel wird die Phasenbildung und die Textur in Wachtumsrichtung von $LuNi_2B_2C$–Dünnschichten auf verschiedenen Substraten diskutiert. Im Fokus liegt die bisher nur ansatzweise untersuchte Abscheidung auf MgO(110). Der Einfluss von Temperatur und Laserwiederholrate auf die out–of–plane–Textur wird anhand ausgewählter Probenbeispiele behandelt. Anschließend wird die Morphologie der Oberfläche und der Schicht–Substrat–Grenzfläche diskutiert.

3.1 Abscheidung auf Magnesiumoxid–Einkristallen

Bei der direkten Abscheidung auf oxidischen Einkristallsubstraten entsteht durch die gleichzeitige Grenzflächenreaktion des Borkarbids mit dem Substratmaterial eine Abfolge aus zwei Schichten [CSS04]:

- Die Seltene Erde R reagiert mit dem Sauerstoff des Magnesiumoxidsubstrats an der Substratgrenzfläche zu R_2O_3
- Gleichzeitig bilden sich die RNi_2B_2C–Phase sowie, als Konsequenz der Oxidation, Sekundärphasen an der Grenzfläche
- Ist die Grenzflächenreaktion weitgehend gesättigt, bildet sich nur noch die Zielschicht, also das Seltenerd–Nickel–Borkarbid

Die Bildung einer Oxid-Grenzschicht von erheblicher Dicke (bis zu 100 nm bei einer Gesamtdicke von 300 nm [CSS04]) wurde zu Beginn der Experimente mit Borkarbid–Dünnschichten zunächst als problematisch angesehen.

Grassano et al. sowie Häse et al. konnten zeigen, daß die Oxidation stark unterdrückt wird, wenn Refraktionsmetalle wie beispielsweise Wolfram in genügender Dicke als Oxidationsbarriere verwendet werden [GCM+00, HHHS00]. Die hohen Beschichtungstemperaturen führen jedoch zur Bildung von Metallkarbidschichten oder –einschlüssen. Diese beeinträchtigen die Supraleitung in der Borkarbidphase erheblich [H00]. In dieser Arbeit wurde versuchsweise Tantal als Puffer eingesetzt, welches ebenfalls zu einer erheblichen Verschlechterung der Supraleitungseigenschaften führte. Die Erfahrung zeigt jedoch, dass mit direkter Abscheidung des $R\mathrm{Ni_2B_2C}$–Materials auf Magnesiumoxid–Einkristallen das Wachstum von Borkarbid–Dünnschichten hoher Qualität möglich ist. Dazu müssen nicht nur geeignete Bedingungen für die Phasenbildung und die Texturbildung des Borkarbids vorliegen, sondern auch für die Oxid–Grenzschicht. Die Grenzflächenoxidation, die bei genügend hoher Temperatur von selbst abläuft, und die gleichzeitige Kontrolle des Wachstums des Borkarbids stellen daher eine entscheidende Herausforderung bei der Herstellung dieser Dünnschichten dar.

Um das Wachstum der Schichtfolge systematisch aufzuklären, werden Versuchsreihen mit je nur einem variierten Parameter benötigt. Vorzugsweise werden die Zusammenhänge deswegen innerhalb der Versuchsreihen diskutiert. Die wichtigsten Wachstumsparameter sind die Depositionsrate und die Beschichtungstemperatur. Deren Einfluss auf die Phasen- und Textureigenschaften der Schichten steht im Mittelpunkt der folgenden Diskussion.

3.1.1 $LuNi_2B_2C$–Dünnschichten auf MgO(100)

Von den Experimenten aus früheren Arbeiten ist bekannt, dass sich auf MgO(100) bei geeignetem Wachstum der Oxid-Grenzschicht c–Achsen-, also in [001]–Richtung texturierte Borkarbidschichten aufwachsen lassen. Untersuchungen von YNi_2B_2C–Schichten auf MgO(100) mit Transmissionselektronenmikroskopie (TEM) zeigten, dass an der Grenzfläche in Folge der Seltenerd–Oxidation nickel– und borhaltige Fremdphasen entstehen [RWHK02]. Ein gleichartiges Wachstum kann hier für die $LuNi_2B_2C$–Schichten auf MgO(100) unter den in Kapitel 2 beschriebenen Standardherstellungsbedingungen beobachtet werden. Abb. 3.1 zeigt das Röntgendiffraktogramm einer solchen

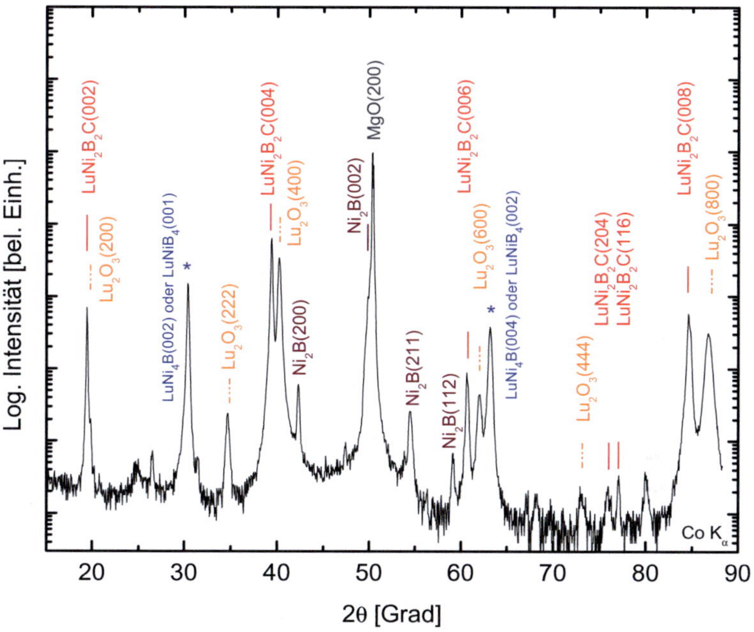

Abb. 3.1: Röntgendiffraktogramm einer $LuNi_2B_2C$–Dünnschicht auf MgO(100) (Standardherstellungsbedingungen). Gemessen wurde in Bragg–Brentano–Geometrie (Co-K_α). Die resistiv gemessene kritische Temperatur T_c beträgt 15,6 K. Die $LuNi_2B_2C$-Phase ist nahezu vollständig c–Achsen–texturiert. Die Lu_2O_3–Grenzschicht ist bis auf einen kleineren Anteil {111}–texturierten Volumens ebenfalls c–Achsen–texturiert. Als Sekundärphasen wurden $LuNi_4B$ oder $LuNiB_4$ (ebenfalls c–Achsen–texturiert), sowie Ni_2B identifiziert.

Probe. Resistiv gemessen zeigt die Probe eine kritische Temperatur von 15,6 K, was nahe bei der Sprungtemperatur von $LuNi_2B_2C$–Einkristallen liegt (typischerweise 16,2–16,5 K). Die logarithmische Skalierung der Intensität soll die Identifikation der Grenzschichtoxid– und Sekundärphasen sowie möglicher Fehlorientierungen in der Borkarbidschicht erleichtern.

Im Röntgenspektrum sind vier wesentliche Reflexgruppen sichtbar:

- Die $LuNi_2B_2C(00l)$-Reflexe zeigen, dass die $LuNi_2B_2C$–Schicht eine ausgeprägte c–Achsen–Textur besitzt.

- Die $Lu_2O_3(222)$– und –$(00l)$–Reflexe zeigen, dass die Lu_2O_3–Grenzschicht in zwei unterschiedlichen out–of–plane–Orientierungen vorliegt, wobei jedoch die [111]–Richtung nur schwach ausgeprägt ist (Lu_2O_3 ist kubisch mit der Gitterkonstante 1,039 nm).

- Als Sekundärphasen lassen sich $LuNi_4B$ oder $LuNiB_4$ (beide in c–Achsen–Orientierung) sowie Ni_2B identifizieren. Die $LuNi_4B$– bzw. $LuNiB_4$–Phase besitzt in dieser Schicht ebenfalls eine c–Achsen–Textur. Ni_2B liegt in verschiedenen Orientierungen vor.

Innerhalb der Lu_2O_3–Grenzschichtoxidphase ist die [001]–Wachstumsrichtung dominant, während die [111]–Richtung zwar sichtbar, jedoch stark unterdrückt ist. Die Entstehung dieser beiden R_2O_3-Orientierungen wurde ebenfalls bei YNi_2B_2C beobachtet, wo eine temperaturabhängige Versuchsreihe ein anwachsendes Volumen der $Y_2O_3(001)$–Orientierung mit wachsender Beschichtungstemperatur bei gleichzeitigem Rückgang des $Y_2O_3(111)$–Wachstums ergab [Wim04]. Offenbar liegt für R = Lu ein ähnliches Verhalten vor, wobei hier nur ein vergleichsweise geringer Volumenanteil der in [111]–Richtung gewachsenen Lu_2O_3–Phase zu beobachten ist. Tab. 3.1 enthält eine Auflistung der gemessenen Borkarbid- und Oxidreflexlagen der Probe. Durchweg sind die Abweichungen der experimentell ermittelten Netzebenabstände von denen an Pulverproben bestimmten sehr gering. Aufgrund der hochgeordneten c–Achsen–Textur der Borkarbidschicht ist anhand der $(00l)$-Reflexe kein Gitterparameter in der Basalebene ermittelbar. Eine etwaige Verzerrung der tetragonalen Borkarbid-Einheitszelle in der Basalebene ist so nicht feststellbar. Auch für die Lu_2O_3–Grenzschicht treten nur sehr geringe Unterschiede zu Pulverproben auf. Es kann daher angenommen werden, dass beide Phasen nahezu in der stöchiometrischen Zusammensetzung vorliegen.

Sekundärphasen

Als Konsequenz der Grenzschichtreaktion $2\ Lu + 3\ MgO \rightarrow 2\ Lu_2O_3 + 3\ Mg$ treten $Ni_xB_yC_z$–Phasen auf. Auch benachbarte Primärkristallisationsphasen

Tab. 3.1: $LuNi_2B_2C$ auf MgO(100): Reflexlagen und extrahierte Netzebenenabstände d_{ex} von $LuNi_2B_2C$ und Lu_2O_3 der auf MgO(100) abgeschiedenen $LuNi_2B_2C$–Dünnschichtprobe. Die Abweichungen von Literaturwerten beziehen sich auf Pulverdiffraktometrie–Daten der ICDD–Datenbank. Die Intensität ist relativ zum $LuNi_2B_2C$(004)–Reflex aufgetragen.

Messung		Material		$LuNi_2B_2C$–Netzebenen			Lu_2O_3–Netzebenen		
$2\theta_{Co-K_\alpha}$ [°]	rel. Int.	$LuNi_2B_2C$	Lu_2O_3	d_{ex}	$d_{\mathrm{(ICDD)}}$	Abw. [%]	d_{ex}	$d_{\mathrm{(ICDD)}}$	Abw. [%]
19,492	0,109	(002)		0,5284	0,5308	-0,45			
34,641	0,0036		(222)				0,3004	0,3001	0,12
39,329	1	(004)		0,2658	0,2659	-0,02			
40,172	0,55		(400)				0,2605	0,2598	0,25
50,267	13,34				MgO(200)				
60,62	0,013	(006)		0,1772	0,1771	0,07			
61,948	0,00021		(600)				0,1738	0,1731	0,41
72,956	0,00021		(444)				0,1505	0,1500	0,30
84,583	0,091	(008)		0,1329	0,1329	0,03			
86,624	0,047		(800)				0,1304	0,1299	0,04

können entstehen (s. Phasendiagramm in Abb. 1.5). In früheren Untersuchungen zu YNi_2B_2C–Dünnschichten wurden insbesondere die Sekundärphasen Ni_3B (orthorhombisch) und zwei Polytypen der YNi_4B–Phase (hexagonal) in der Nähe der Substratgrenzfläche nachgewiesen [RWHK02, CSK+04].

In der hier im Detail untersuchten, auf MgO(100) abgeschiedenen Dünnschichtprobe können zwei Sekundärphasen ausgemacht werden (Abb. 3.1). Die intensitätsstarken Reflexe bei 30,46° und 63,10° können mit c–Achsen–Reflexen der $LuNi_4B$– oder der bei $LuNi_2B_2C$ vorkommenden $LuNiB_4$–Phase identifiziert werden[1]. Welche der beiden Phasen vorliegt, kann anhand des Röntgendiffraktogramms nicht entschieden werden. Ein möglicher Hinweis auf das Vorliegen der $LuNiB_4$–Phase ergibt sich aus der Tatsache, dass der (001)–Reflex in Pulverdiffraktogrammen von $LuNiB_4$ der intensitätsstärkste Reflex ist, während der entsprechende (002)–Reflex von $LuNi_4B$ nur 5% der Maximalintensität (erzeugt durch den (102)–Reflex) besitzt.

Des weiteren können die Reflexe bei 42,3°, 54,5 ° und 59,1 ° mit einer Ni_2B–Phase identifiziert werden (s. Tab. 3.1). Die leichten Verzerrungen der Gitterparameter der beiden ternären Sekundärphasen (im Fall von $LuNi_4B$ ist der c–Achsen–Gitterparameter um 1,3 % reduziert, im Fall von $LuNiB_4$ um 1,6 %) können z. B. durch Abweichungen der chemischen Zusammensetzung dieser Fremdphasen von der stöchiometrischen Zusammensetzung verursacht werden.

3.1.2 $LuNi_2B_2C$–Dünnschichten auf MgO(110)

Die Abscheidung von Borkarbid-Dünnschichten auf (110)–orientierten Magnesiumoxid–Einkristallsubstraten wurde bisher kaum untersucht [FGB+03]. Allerdings zeigen sich erhebliche Vorteile sowohl für die Textur als auch hinsichtlich der an der Grenzfläche gebildeten Fremdphasen. Dies stellt eine wesentliche Erkenntnis dieser Arbeit dar. Die Phasenbildung und die Texturentwicklung in Abhängigkeit der Beschichtungsparameter werden daher systematisch diskutiert. Zunächst wird die Abhängigkeit von der Beschichtungstemperatur, und anschließend von der Beschichtungsrate behandelt.

1 Verwendete Datensätze: ICDD 2004: $LuNi_2B_2C$: 00-050-0685, Lu_2O_3: 00-012-0728, Ni_2B: 00-048-1222. ICDD 2008: $LuNi_4B$: 04-001-5077, $LuNiB_4$: 04-005-3511.

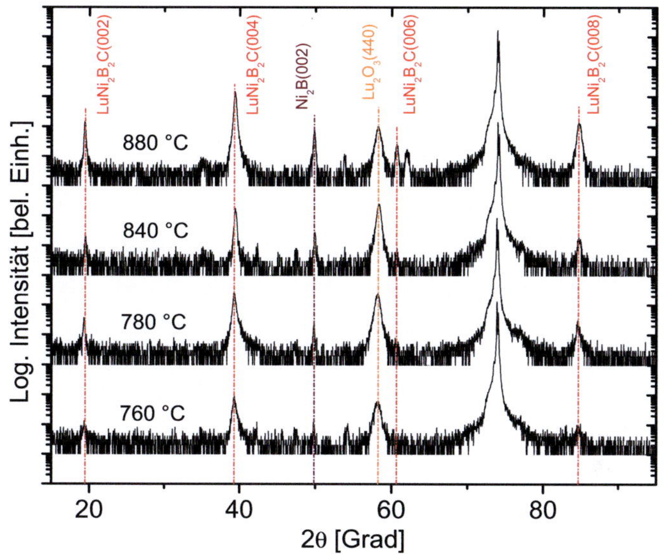

Abb. 3.2: Röntgendiffraktogramm (Co-K_α) von $LuNi_2B_2C$–Schichten auf MgO(110)–Einkristallsubstraten (f = 20 Hz). Das Volumen der $LuNi_2B_2C$–Phase steigt mit der Beschichtungstemperatur deutlich an. Die $LuNi_2B_2C$–Phase wächst eindeutig c–Achsen–orientiert. Das Grenzflächenoxid hat gleichfalls eine eindeutige Textur (Lu_2O_3(440)) und ist in [110]–Richtung orientiert. Für die höchste Temperatur (880 °C) ist eine vermehrte Fremdphasenbildung (Ni_2B und weitere, nicht identifizierte Phasen) zu erkennen.

Einfluss der Beschichtungstemperatur

Der Einfluss der Beschichtungstemperatur auf Phasenbildung und Textur der $LuNi_2B_2C$–Dünnschichten ist anhand der Röntgendiffraktogramme in Abb. 3.2 dargestellt. Die angegebenen Temperaturen wurden pyrometrisch ermittelt. Die absolute Unsicherheit beträgt ca. +/- 20 °C.

Der Vergleich der Diffraktogramme untereinander zeigt, dass die $LuNi_2B_2C$–Phase in allen vier Proben vorhanden ist, wobei jedoch das Volumen mit steigender Temperatur stark ansteigt. Dies wird durch die deutliche Zunahme der Intensität der $LuNi_2B_2C$–Reflexe ersichtlich. Insbesondere ist die $LuNi_2B_2C$–Phase in allen gezeigten vier Proben eindeutig c–Achsen–texturiert, da ausschließlich $(00l)$–Reflexe dieser Phase identifiziert werden können. Das Grenzflächenoxid, sichtbar durch den $Lu_2O_3(440)$–Reflex, ist ebenfalls eindeutig texturiert. Es setzt die Wachstumsrichtung des MgO(110)-Substrats fort. Auch die Intensität des Oxidreflexes steigt mit steigender Temperatur leicht an.

Das Temperaturfenster für eine erfolgreiche c–Achsen–orientierte Phasenbildung liegt daher oberhalb von ca. 800 °C (f = 20 Hz). Die Probe, die bei 880 °C hergestellt wurde, zeigt eine deutlich stärkere Sekundärphasenbildung, so dass noch höhere Temperaturen nicht mehr untersucht wurden. Alle weiteren Untersuchungen wurden daher im Temperaturbereich von 800–840 °C durchgeführt.

Einfluss der Laserwiederholrate

Sowohl die Menge des pro Puls deponierten Materials als auch die Frequenz, mit der neues Material auf der Oberfläche deponiert wird, hat einen großen Einfluss auf die Wachstumseigenschaften. Eine Besonderheit der gepulsten Laserdeposition ist, dass die dem Wachstum zugrundeliegenden Oberflächenreaktions– und –ordnungsprozesse auf sehr unterschiedlichen Zeitskalen ablaufen. Bei bestimmten Materialien und Beschichtungsparametern kann die Einstellung einer kristallinen Ordnung der Oberfläche mehrere Sekunden dauern und lässt sich (bei sehr glatten Schichten) mit Elektronenbeugung (RHEED) in Echtzeit abbilden. Wieviel Material pro Puls auf der Oberfläche deponiert wird und wie lange die Ordnungsprozesse ablaufen können, bevor neues Material deponiert wird, beeinflusst daher das Wachstum der Schicht erheblich. Im Fall von YNi_2B_2C–Borkarbid konnte in früheren Arbeiten in einem bestimmten Parameterfenster, abhängig von der Frequenz des Lasers, sogar ein Wechsel von einem bevorzugt a–Achsen–orientierten (10 Hz) zu einem bevorzugt c–Achsen–orientierten Wachstum (30 Hz) festgestellt werden [H00, WHSH01].

Im allgemeinen kann eine Vergrößerung der pro Puls deponierten Materialmenge dazu führen, dass der Ordnungsprozess für die Einstellung einer

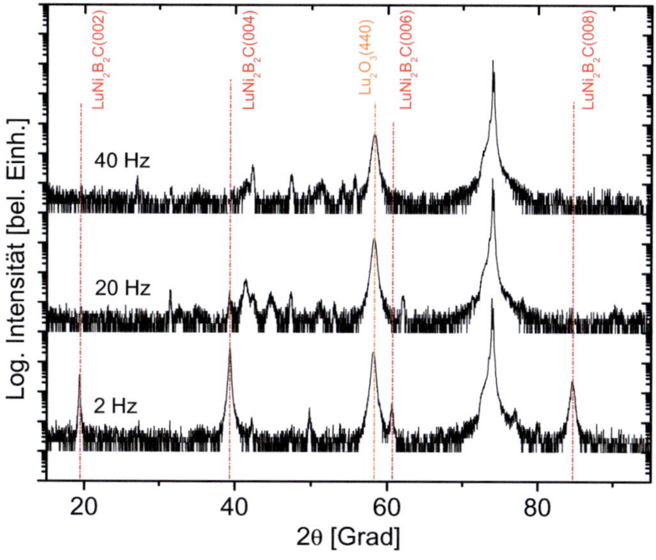

Abb. 3.3: Einfluss der Beschichtungsrate auf die $LuNi_2B_2C$–Textur (auf MgO(110)). Bei 780 °C und Beschichtungsraten um 0,025–0,5 nm/s bildet sich eine c–Achsen–Textur erst bei niedrigen Laserpulsfrequenzen. Das Fehlen einer c–Achsen–Textur bei 20 Hz im Vergleich zu Abb. 3.2 ist dadurch zu erklären, dass in dieser Serie die Beschichtungsraten doppelt so hoch gewählt wurden. Damit reicht die Pause zwischen zwei Laserpulsen bei 20 Hz bei der gewählten Temperatur nicht mehr für die Ordnungsprozesse aus.

bestimmten Textur verlängert wird. In dem Fall kann eine Verlängerung der Pulspause die Textur verbessern. Andererseits wird der Ordnungsprozess mit steigender Temperatur durch die steigende Oberflächenmobilität der Atome und Moleküle beschleunigt. Eine Erhöhung der Beschichtungstemperatur kann also die Einstellung der Textur ebenfalls beschleunigen. Welcher der beiden Effekte zu besseren Ergebnissen führt, hängt vor allem vom Temperaturfenster für die Phasenbildung ab.

Den Einfluss der Laserpulsfrequenz auf die Phasen– und Texturbildung zeigt eine Probenserie, deren Röntgendiffraktogramme in Abb. 3.3 dargestellt sind (auf die Diskussion der Fremdphasen wird an dieser Stelle verzichtet). Die Deposition pro Laserpuls ist ungefähr doppelt so hoch wie bei der Temperaturserie aus Abb. 3.2. Die Beschichtungstemperatur in dieser Serie beträgt 780 °C. Dadurch liegen in beiden Serien je eine Schicht bei 780 °C und 20 Hz vor, deren Beschichtungsraten sich erheblich unterscheiden.

Während die Textur der Lu_2O_3–Grenzschicht davon unbeeinflusst bleibt, ist der Einfluss auf die Textur des $LuNi_2B_2C$ deutlich zu beobachten:

- Bei einer Rate pro Puls, die ungefähr bei dem doppelten Wert wie in der Temperaturserie (Abb. 3.2) liegt, ist bei 780 °C kein c–Achsen–texturiertes Wachstum mehr möglich.
- Es kommt allerdings zu c–Achsen–texturiertem Wachstum, wenn die Pulsfrequenz des Lasers erheblich verringert wird.

Im Fall der $LuNi_2B_2C$–Dünnschichten kann daher festgestellt werden, dass sich die c–Achsen–Textur des Borkarbids zu niedrigeren Laserpulsfrequenzen hin verbessert. Dies steht allerdings in starkem Kontrast zu bisherigen Erkenntnissen zur Abscheidung von c–Achsen–texturierten YNi_2B_2C– bzw. $LuNi_2B_2C$–Dünnschichten auf MgO(100), wo eine höhere Beschichtungsrate zur Verbesserung der c–Achsen–Textur führte [GMP+01, WHSH01].

Die optimale Beschichtungstemperatur (s. Kapitel 1) wurde anhand der besten supraleitenden Eigenschaften der $LuNi_2B_2C$–Dünnschichten auf 830 °C festgelegt. Eine Laserpulsfequenz von 5 Hz stellte dabei einen optimalen Kompromiss zwischen Beschichtungsdauer und strukturellen Eigenschaften dar. Damit sind die wichtigsten Depositionsparameter für das kontrollierte c–Achsen–Wachstum von $LuNi_2B_2C$ auf MgO(110) festgelegt. Ähnlichkeiten und Abweichungen für das $Ho_xLu_{1-x}Ni_2B_2C$-System werden in Kapitel 7 diskutiert.

3.2 Strukturvergleich von $LuNi_2B_2C$–Dünnschichten auf MgO(100) und MgO(110) unter Optimalbedingungen

$LuNi_2B_2C$–Dünnschichten, die bei den in Kapitel 1 definierten Optimalbedingungen auf Magnesiumoxid abgeschieden werden, zeigen unabhängig von der Substratorientierung nahezu identische Werte für die kritische Temperatur und das Restwiderstandsverhältnis: Während auf MgO(110) eine kritische Temperatur T_c = 15,6 K und ein Restwiderstandsverhältnis von ca. 13,5 gemessen werden konnten, zeigt eine Vergleichsschicht auf MgO(110) unter denselben Bedingungen eine kritische Temperatur von 15,8 K und ein Restwiderstandsverhältnis von 12,5. Die strukturellen Eigenschaften können daher unabhängig von den intrinsischen Supraleitungseigenschaften analysiert werden. Dies ist ein wesentliches Ergebnis dieser Arbeit.

Im folgenden Abschnitt wird die schon in Abschnitt 3.1 gezeigte Probe auf MgO(100) mit der Vergleichsschicht auf MgO(110) verglichen. Beide Proben wurden innerhalb derselben Versuchsreihe und unter gleichen Bedingungen abgeschieden.

3.2.1 Phasenbildung und out–of–plane–Textur

Um die Unterschiede in Phasenbildung und in der out–of–plane–Textur zu verdeutlichen, sind in Abb. 3.4 die Diffraktogramme der schon gezeigten Probe für MgO(100) und der Vergleichsschicht auf MgO(110) unter Optimalbedingungen abgebildet. Die wesentlichen Unterschiede zeigen sich in der Art und Güte der Grenzschichttextur und in der Zahl und Vielfältigkeit von Sekundärreflexen. In beiden Fällen übernimmt das Grenzflächenoxid Lu_2O_3 die Wachstumsrichtung des Substrats und wächst auf MgO(100) in [001]– und auf MgO(110) in [110]–Richtung auf. Auf MgO(100) ist ein geringes Volumen einer $\{111\}$–Alternativorientierung zu erkennen. Auf MgO(110) dagegen ist keine zweite Orientierung der Lu_2O_3–Grenzschicht in out–of–plane–Richtung zu erkennen. Die $LuNi_2B_2C$–Borkarbidschicht auf der $\{110\}$–orientierten Lu_2O_3–Schicht ist, wie die Polfigurmessungen zeigen werden, vollständig c–Achsen–texturiert,

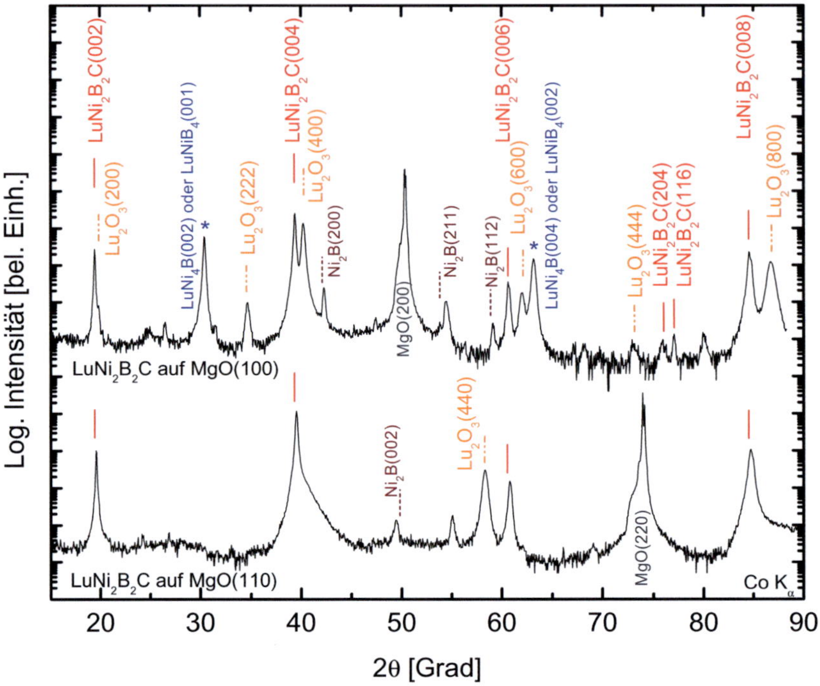

Abb. 3.4: $LuNi_2B_2C$–Dünnschichten bei identischen Beschichtungsbedingungen auf MgO-Einkristallen verschiedener Orientierungen. Unten: auf MgO(110), zum Vergleich oben die schon diskutierte Probe auf MgO(100). Kritische Temperaturen (resistiv gemessen): 15,6 K (für MgO(100)) und 15,8 K (für MgO(110)), $\Delta T_c \approx 0{,}3$ K.

und es sind erheblich weniger Fremdphasen oder nicht c–Achsen–orientierte Phasenvolumina sichtbar. Die Abweichung des (004)–Netzebenenabstands der Borkarbidtextur auf MgO(110) vom Literaturwert beträgt -0,45 %; die des (440)–Netzebenenabstands des Lutetiumoxids -0,04 %. Auch hier kann daher ein Vorliegen nahezu stöchiometrisch zusammengesetzter Phasen angenommen werden.

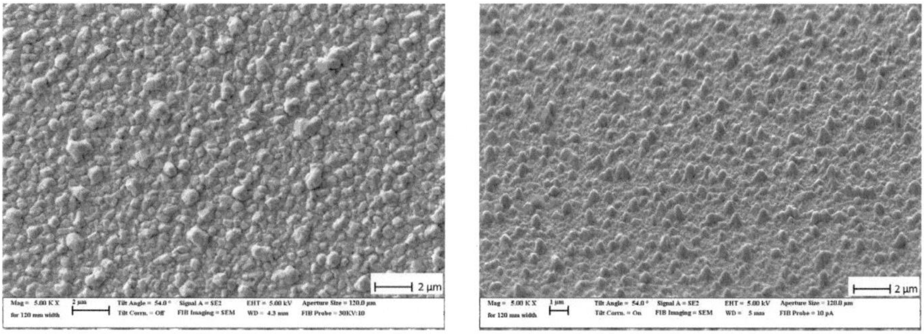

Abb. 3.5: REM–Aufnahmen von $LuNi_2B_2C$–Schichten auf MgO(100) (*links*) und MgO(110) (*rechts*). Die Probe auf MgO(110) wurde um 54 ° aus der Horizontalen gekippt um die Oberfläche plastischer erscheinen zu lassen. Die Schicht auf MgO(110) zeigt ein deutlich gleichmäßigeres Kornwachstum.

Der entscheidende strukturelle Unterschied der auf den unterschiedlich orientierten Substraten abgeschiedenen Borkarbidschichten besteht in der in–plane–Textur. Diese wird in Abschnitt 4.2 im Detail diskutiert.

3.2.2 Oberflächenmorphologie und Schichtaufbau

Die Mikrostruktur der Schichtoberflächen zeigen die rasterelektronenmikroskopischen (REM) Aufnahmen (Abb. 3.5) und die Aufnahmen mit atomarer Kraftmikroskopie (Abb. 3.6). Die Abscheidung auf MgO(100) ergibt eine granulare Struktur mit einem weiten Korngrößenbereich, während die Abscheidung auf MgO(110) zu einer wesentlich engeren Korngrößenverteilung führt. Die Schichten besitzen sehr hohe Oberflächenrauhigkeiten von 45 nm (RMS–Wert) auf MgO(110) und über 100 nm auf MgO(100). Um zu klären, inwieweit diese von der Rauhigkeit der Oxidschicht an der Grenzfläche zwischen Borkarbid und Substrat verursacht wird und wie die Struktur dieser Grenzfläche in Wachstumsrichtung beschaffen ist, wurden in Zusammenarbeit mit T. D. Thersleff FIB–Querschnitte angefertigt. Dabei wurde mit fokussierten Gallium–Ionen eine Terrasse in die Schichten geätzt, um eine senkrechte Wand freizulegen.

Die REM–Aufnahmen der FIB–Schnitte zeigen im unteren Bereich das MgO–

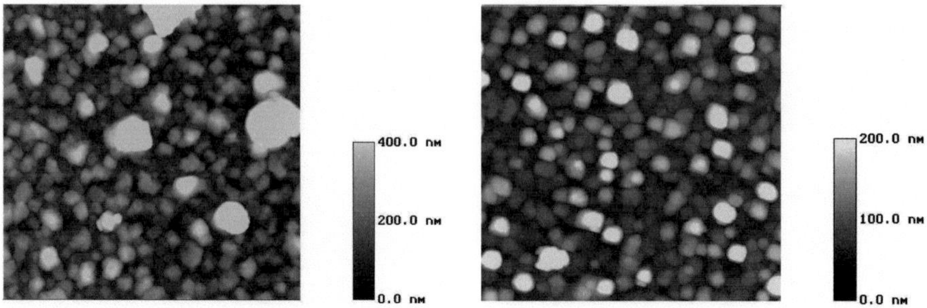

Abb. 3.6: AFM-Aufnahmen von $LuNi_2B_2C$–Schichten auf MgO(100) (*links*) und MgO(110) (*rechts*). Auf MgO(110) kann man ein wesentlich gleichmäßigeres Kornwachstum und eine glattere Oberfläche beobachten.

Substrat und darüber die jeweils abgeschiedene $LuNi_2B_2C$–Schicht, die mit einer schützenden Platin– oder Wolfram–Schicht bedampft wurde (Abb. 3.7). Zwischen der jeweiligen Borkarbidschicht und dem Substrat ist in beiden Fällen eine hell erscheinende und sehr unregelmäßig dicke Schicht, die Oxidschicht, zu sehen. Deutlich ist zu erkennen, dass die Substratgrenzfläche, auf der das $LuNi_2B_2C$ aufwächst, durch die chemische Reaktion angegriffen wird und daher rauh und unregelmäßig geformt ist. Die hier auftretende hohe Rauhigkeit der Grenzflächen ist offensichtlich ein Grund, warum die Borkarbidschichten selbst so hohe Rauhigkeiten besitzen. Daraus resultiert, dass die gezielte Präparation solcher Borkarbidschichten und –systemen mit glatten Grenzflächen, wie sie zur zur Analyse typischer Supraleitungs–Grenzflächeneffekte wie Andreev–Reflexionen oder zur Präparation mikromechanischer vertikaler Strukturen erforderlich wären, nicht möglich ist.

Abb. 3.7: REM–Aufnahmen der FIB–Schnitte von $LuNi_2B_2C$–Schichten auf MgO(100) (*links*) und MgO(110) (*rechts*) zeigen die durch Oxidation und starkes R_2O_3–Wachstum entstehende rauhe Grenzschicht. Vor allem auf MgO(110) sind aufgrund der gewählten Geometrie des FIB–Schnittes quer zur [110]–Richtung des Substrats einzelne Facetten (schwarz eingezeichnet) des entstandenen Lutetiumoxids zu erkennen.

3.3 SE–Ni–Borkarbidschichten auf oxidischen Pufferschichten

Die schwierig zu kontrollierende Bildung der Oxidschicht im in–situ–Verfahren kann durch eine gezielte Herstellung einer solchen Schicht umgangen werden. Für YNi_2B_2C ist dies anhand einer $Y_2O_3(001)$–Schicht auf MgO(100) als Wachstumsunterlage gezeigt worden [CSK+04]. Allerdings zeigte auch diese Y_2O_3–Pufferschicht eine Mischung von {001}– und {111}–orientierten Körnern. Die daraus resultierenden Schwierigkeiten im Hinblick auf eine eindeutige in–plane–Textur des Borkarbids können so nicht gelöst werden. $SrTiO_3(001)$ hingegen ist ein geeignetes Substrat für die Herstellung c–Achsen–texturierter, epitaktischer $Y_2O_3(001)$–Schichten. Auch für $LuNi_2B_2C$ ist Y_2O_3 aufgrund der geringen Gitterfehlpassung von $a(Y_2O_3)$ = 1,0604 nm zu $3a(Lu_2O_3)$ = 1,039 nm eine geeignete Wachstumsunterlage für c–Achsen–texturiertes $LuNi_2B_2C$ ($LuNi_2B_2C$: 3a = 1,0395 nm).

Herstellen lassen sich epitaktische $Y_2O_3(001)$–Schichten mit gepulster Laserdeposition auf $SrTiO_3(001)$–Substraten. Dafür wurde ein keramisches Y_2O_3–Target und eine Beschichtungstemperatur von 700 °C verwendet. Die Schichten wurden im Vakuum hergestellt und anschließend in 400 mbar Reinstsauerstoff abgekühlt. Da das Verfahren mit der sauerstoffempfindlichen Abscheidung der Seltenerd–Nickel–Borkarbide nicht kompatibel ist, wurde eine separate Laserdepositionskammer für die Herstellung der Pufferschichten verwendet. Die Y_2O_3–Pufferschichten auf $SrTiO_3(001)$ wiesen bei 200 nm Dicke eine typische Rauhigkeit von unter einem Nanometer auf und zeigten im Röntgendiffraktogramm eine eindeutige $(00l)$–Textur. Polfigurmessungen zeigten darüberhinaus eine biaxiale Textur mit Halbwertsbreiten deutlich unter 1°.

Jedoch zeigt die Abscheidung von $LuNi_2B_2C$ auf solchen ex–situ–Oxidpuffern bei Optimalbedingungen (840 °C, 5 Hz), dass die Borkarbidschichten nahezu vollständig oxidieren können. Dafür ist offenbar die mangelnde chemische Stabilität des Strontiumtitanats verantwortlich, von dem aus Sauerstoff durch die Y_2O_3–Schicht hindurch in die $LuNi_2B_2C$–Schicht diffundieren kann. Der Schichtwiderstand der resultierenden Schicht liegt im Einzelfall im kΩ–Bereich. Eine Borkarbidphase ist dann auch im Röntgendiffraktogramm nicht mehr festzustellen. Aus diesem Grund wurde auf gleichartige Versuche mit

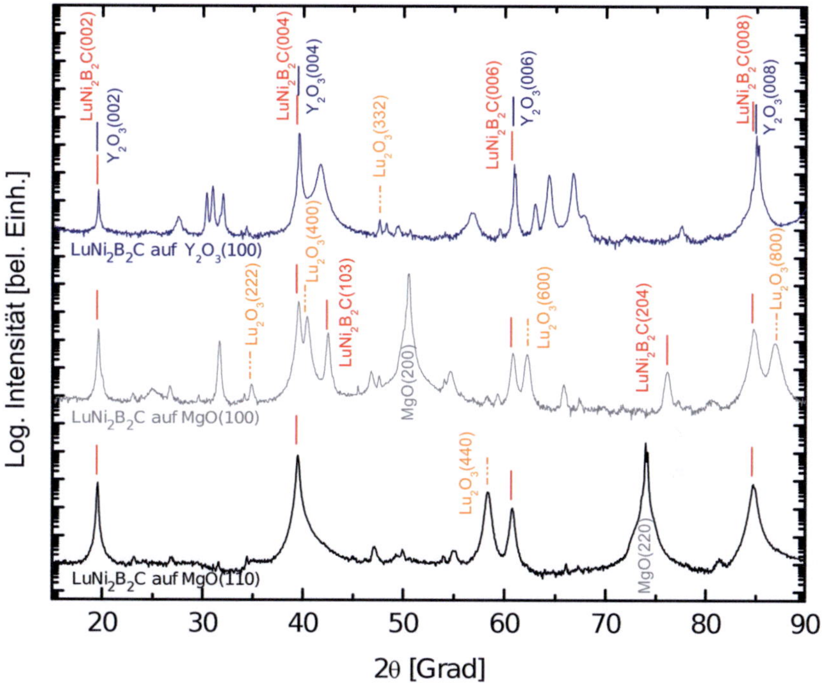

Abb. 3.8: Das Röntgendiffraktogramm dreier simultan auf MgO(110)– (*unten*), MgO(100)– (*Mitte*) und Y_2O_3(001)–Einkristallsubstraten (*oben*) abgeschiedenen $LuNi_2B_2C$–Schichten bei Optimalbedingungen zeigt eine ausgeprägte c–Achsen–Textur von $LuNi_2B_2C$ auf allen drei Substrattypen. In diesem Versuch zeigen sich auf den MgO–Substraten vermehrt kleine Volumina an Fremdphasen; ebenso ist die auf MgO(100) möglicherweise entstehende 141– bzw. 114–Phase stärker modifiziert. Fremdphasen auf Y_2O_3(001), durch die Reflexgruppen bei $2\theta = 30$–$33\,°$ und $2\theta = 63$–$70\,°$ angezeigt, wurden nicht weiter analysiert.

$SrTiO_3$(110)–orientierten Substraten verzichtet.

Um den Einfluss der Oxidation durch Diffusion aus dem $SrTiO_3$–Substrat auszuschließen, ist ein einkristallines Y_2O_3–Substrat vorzuziehen. Einkristalline Y_2O_3–Substrate sind bisher nicht kommerziell erhältlich. Das verwendete 5 mm × 5 mm × 0,5 mm große Y_2O_3(001)–Substrat stammt aus einer speziellen Zusammenarbeit mit der Firma *Crystec*. Um die Abscheidung auf einem solchen Substrat so genau wie möglich mit der auf MgO(100) und MgO(110) zu vergleichen, wurde ein Versuch durchgeführt, bei dem das Y_2O_3–Substrat zusammen mit einem MgO(100)– und einen MgO(110)–Substrat gleichzeitig beschichtet wurde. Die simultane Kontrollbeschichtung von MgO(100)– und MgO(110)–Substraten wurde dabei realisiert, in dem der Y_2O_3–Einkristall (5 mm $\times$5 mm $\times$0,5 mm) zusammen mit einem gleichgroßen MgO(110)–Substrat (5 mm $\times$ 5 mm $\times$0,15 mm) auf einem MgO(100)–Substrat (10 mm $\times$10 mm $\times$1 mm) aufgeklebt wurde. So entstanden mit einer Beschichtung drei annähernd gleiche $LuNi_2B_2C$–Schichten[2]. Aufgrund der Schwierigkeit Y_2O_3–Substrate zu beschaffen wurde dieser Versuch erst durchgeführt, als die Optimalbedingungen soweit ausgearbeitet waren, dass die beschriebenen sehr guten Ergebnisse für $LuNi_2B_2C$–Dünnschichten hinsichtlich ihrer Textur und ihrer supraleitenden Eigenschaften auf MgO-Substraten zuverlässig erzielt werden konnten.

Die Röntgendiffraktogramme der drei so hergestellten Proben zeigen für MgO(100) und MgO(110) die schon ausführlich diskutierten Ergebnisse (Abb. 3.8) mit klarer c–Achsen–Textur des Borkarbids. Die Beschichtung des Y_2O_3(001)–Einkristallsubstrats mit $LuNi_2B_2C$ ergibt ebenfalls eine c–Achsen-Textur, die jedoch schwächer ausgebildet ist als für die MgO-Substrate. Zudem bilden sich auf Y_2O_3(001) bei den für MgO optimierten Bedingungen eine Vielzahl von Fremdphasen. Auch weist die leichte Reflexverlagerung der $Y_2O_3(00l)$–Reflexe auf eine Modifikation des Yttriumoxids, möglicherweise durch chemische Reduktion, hin. Außerdem verschlechterten sich die supraleitenden Eigenschaften der $LuNi_2B_2C$–Schicht gegenüber den $LuNi_2B_2C$–Schichten auf MgO erheblich: die Übergangsbreite beträgt 2,5 K bei einem Onset von 16,2 K. Ob dies an dem höheren Fremdphasenanteil liegt, oder ob gegenüber MgO eine erhöhte Diffusion in die Borkarbidphase vorliegt, kann hier nicht geklärt werden. Die Frage, inwieweit modifizierte Abscheidungsbedingungen für Y_2O_3–Substrate zu verbesserten Ergebnissen führt, bleibt zukünftigen Untersuchungen vorbehalten.

2 Aufgrund der unterschiedlichen Dicken kommt es zu leicht verschiedenen Oberflächentemperaturen. Dadurch können geringe Abweichungen in der Phasenbildung auftreten.

4 Strukturelle Eigenschaften (II): In–Plane–Orientierung und Texturentwicklung

Nach der out–of–plane–Textur steht nun die in–plane–Textur im Mittelpunkt der Betrachtungen. Diese verdient eine besonders ausführliche Diskussion, da die Ergebnisse der in den letzten Jahren am Thema beteiligten Arbeitsgruppen sehr heterogen sind und über die reproduzierbare Herstellung biaxial texturierter Borkarbidschichten bisher noch nicht berichtet wurde. Es kann erstmals eine systematische Analyse der in–plane–Textur der Borkarbidschichten in Abhängigkeit wichtiger Beschichtungsparameter präsentiert werden. Auch der Zusammenhang von Borkarbid– und Grenzoxidtextur auf verschieden orientierten Einkristallsubstraten wird erstmals systematisch analysiert.

Frühere Arbeiten zeigen, dass die Einstellung einer in–plane–Orientierung eine der wichtigsten Herausforderungen bei der Abscheidung supraleitender Borkarbid–Dünnschichten darstellt. Vor allem in den ersten Jahren nach der Entdeckung der Supraleitung in der 1221–Borkarbidphase wurden daher hauptsächlich faser– oder partiell in–plane–geordnete Schichten untersucht [AIV+96, HHS97, HHHS00, H00, HWPH01, GCF+00]. Die Auswahl zu untersuchender Proben stellte daher häufig einen sorgfältig abgestimmten Kompromiss zwischen ihren strukturellen Eigenschaften (insbesondere dem Grad der in–plane–Ordnung) und ihren supraleitenden Eigenschaften dar [ACG+01, WSH03, WSH04, WHJ04, RTW+05].

Gerade in dieser Hinsicht stellen die folgenden Ergebnisse, die mit den $LuNi_2B_2C$–Dünnschichten auf MgO(110) erzielt werden, einen großen Fortschritt dar, da erstmals gezeigt werden kann, dass unter Beibehaltung der in–plane–Textur die bis dato besten supraleitenden Eigenschaften erzielt werden können (s. Kap. 5). Die dazu erstmals durchgeführte, systematische Analyse der Texturentwicklung der Borkarbidschichten in Abhängigkeit der Beschichtungsparameter nimmt daher das folgende Kapitel ein. Ebenfalls wird der Zusammenhang zwischen der in–plane–Textur der Oxidgrenzschicht und der Borkarbidschicht auf verschieden orientierten Substraten erstmalig detailliert beschrieben.

4.1 Ausgangssituation

Aufgrund der Schichtstruktur der Seltenerd–Übergangsmetall–Borkarbide konzentrierte sich die Herstellung von Dünnschichten von Beginn an auf c–Achsen–texturierte Schichten, also mit der c–Achse senkrecht zur Substratebene. Solche konnten von Arisava et al. schon 1994 erfolgreich durch eine ex–situ–Glühung von auf MgO(100) gesputterten YNi_2B_2C–Schichten vorgestellt werden [AHH+94]. Andere Gruppen konnten danach mit in–situ–Heizung c–Achsen–texturierte Schichten herstellen, so z.B. Vaglio et al. 1997 durch Magnetronsputtern [VAA+97] und Häse et al. 1997 mit Laserdeposition [HHS97]. In–situ–Heizen verringert zunächst vor allem den Restwiderstand der Schichten, verbessert also die strukturelle Ordnung im Sinne verringerter Streuung an Defekten. Die erwünschte out–of–plane–Textur in YNi_2B_2C–Schichten mit der [001]–Achse senkrecht zur Schichtebene herzustellen war somit prinzipiell gelöst. Alle Gruppen fanden zudem übereinstimmend eine R_2O_3-Schicht von einigen 10 nm bis über 100 nm Dicke an der Grenzfläche zum MgO–Substrat.

Eine out–of–plane–Textur ist Voraussetzung für die Untersuchung anisotroper Eigenschaften wie die des kritischen Feldes oder der kritischen Stromdichte in einem äußeren Magnetfeld senkrecht zur Basalebene. Solche Untersuchungen wurden zum Beispiel von Häse et al. an fasertexturierten YNi_2B_2C–Schichten durchgeführt [HHS00, HHS97, HWPH01].

Um die Symmetrien *innerhalb* der Basalebene zu untersuchen, ist zusätzlich eine in–plane–Textur erforderlich. Ist diese eindeutig, lässt sich eine Epitaxierelation zwischen Schicht und Substrat ableiten. Allerdings entsteht in den Borkarbidschichten häufig eine Mischtextur: Eine Fasertextur wird dabei von einer biaxialen oder anders orientierten Textur überlagert. Eine solche Mischtextur findet sich in der Mehrzahl der dazu publizierten Untersuchungen (z.B. in [GMP+01, WHSH01, WSH03, WSH04, RTW+05, RTC+06]). Die feststellbare in–plane–Ordnung kann dabei verschiedene Zähligkeiten aufweisen. So wurde in den Studien von RAO ET AL. an YNi_2B_2C–Schichten aus Hochratendeposition eine 16–zählige in–plane–Ordnung erkannt [RTC+06]. In eigenen Versuchen an YNi_2B_2C–Schichten, ebenfalls mit Hochratendeposition, konnte manchmal eine 12–Zähligkeit festgestellt werden. Ebenso können achtzählige oder vierzählige Symmetrien in der Substratebene beobachtet werden. Fast immer besitzen die untersuchten Borkarbid–Schichten einen Fasertexturuntergrund.

Allerdings legen die Gitterparameter von Borkarbidschicht und Grenzflächenoxid eine eindeutige in–plane–Textur nahe. Die Abmessungen der YNi_2B_2C–Einheitszelle von $a(YNi_2B_2C) = 0{,}3527$ nm und $a(Y_2O_3) = 1{,}0604$ nm ergeben einen Misfit $a(Y_2O_3)/3a(YNi_2B_2C)$ von nur 0,21 %. In einfacher Abschätzung sollte sich eine epitaktische $Y_2O_3(001)$–Schicht daher als Wachstumsunterlage für in–plane–orientierte Borkarbidschichten eignen.

Die Erfahrung zeigt jedoch, dass sich das Wachstum der Oxidschicht nur bedingt so kontrollieren lässt, dass nur ihre {001}–Komponente entsteht. Wie bereits erwähnt, wurden neben dem $R_2O_3(001)$–Wachstum häufig auch in [111]–Richtung gewachsene Anteile beobachtet. Diese haben bezüglich der Substratnormalen eine dreizählige Symmetrie und bilden daher keine passende Unterlage für in–plane–orientiertes Wachstum der tetragonalen Borkarbid-Einheitszelle. Eine der Schwierigkeiten, in–plane–geordnete Borkarbidschichten herzustellen, besteht also darin, das Wachstum der R_2O_3–Oxidschicht an der Grenzfläche so zu beeinflussen, dass sich möglichst nur die erwünschte $R_2O_3(00l)$–Orientierung mit zusätzlicher in–plane–Ordnung bildet. Die meisten Untersuchungen konzentrierten sich daher sinnvollerweise zunächst auf Eigenschaften, für die eine hohe in–plane–Textur nicht benötigt wird. Allerdings ist eine hohe in–plane–Textur eine Voraussetzung dafür, Schichteigenschaften zu erhalten, welche mit Einkristallen vergleichbar sind.

In den vergangenen Jahren wurde von verschiedenen Gruppen intensiv an zuverlässigen Methoden zur Herstellung in–plane–geordneter Borkarbidschichten gearbeitet. HÄSE und WIMBUSH konnten mit ihrer Hochratendeposition von YNi_2B_2C zeigen, dass das Verhältnis zwischen $\{001\}$– und $\{111\}$–orientiertem Y_2O_3–Volumen temperaturabhängig ist: mit steigender Beschichtungstemperatur sinkt der Anteil des $Y_2O_3(111)$–Volumens in der Grenzschicht, bis bei ca. 750 °C eine in–plane–Orientierung auch im Borkarbid erreichbar ist [H00, Wim04]. Allerdings neigen die Schichten für noch höhere Temperaturen zum Abplatzen, da sie durch die schnelle Deposition offenbar eine große Eigenspannung besitzen. Zudem ist die optimale Beschichtungstemperatur für die 1221–Borkarbidphase bei 750 °C möglicherweise noch nicht getroffen. Durch Temperaturnachbehandlung bei 700 °C konnten die Supraleitungseigenschaften jedoch stark verbessert werden. Überdies konnte ein Parameterfenster erarbeitet werden, in welchem sich sogar die out–of–plane–Orientierung des Borkarbids von der Beschichtungsrate, gegeben durch die Laserpulsfrequenz, einstellen ließ. Bei verringerter Rate und Temperatur konnten sich so a–Achsen–texturierte Schichten mit deutlicher in–plane–Orientierung abscheiden lassen. Umgekehrt führte nur eine besonders hohe Beschichtungsrate dazu, dass sich c–Achsen–texturierte Borkarbidschichten mit gleichzeitiger in–plane–Orientierung ausbildeten. So konnten von WIMBUSH ET AL. schließlich epitaktische Schichten aus YNi_2B_2C und $HoNi_2B_2C$ erzeugt werden, die eine hohe in–plane–Ordnung und einen niedrigen oder sehr niedrigen Fasertextuntergrund besitzen und daher für die Untersuchung anisotroper Eigenschaften wie des oberen kritischen Feldes oder der kritischen Stromdichte auch für $\vec{H} \perp [001]$ geeignet sind [WSH04, WH06].

Aus Untersuchungen mit Transmissionselektronenmikroskopie von REIBOLD ET AL. und CAO ET AL. an YNi_2B_2C–Schichten auf MgO(100) ließen sich lokale Epitaxierelationen zwischen einzelnen Körnern an der Grenzfläche ableiten [RWHK02, CSS04]. Diese ergänzen die globalen Untersuchungen der Textur von Borkarbidschicht und Oxidgrenzschicht, die mit einem Vierkreisdiffraktometer durchgeführt werden können. Zusammen vermitteln sie wichtige Aspekte der Texturentwicklung bei der Hochratendeposition:

- An der Grenzfläche zwischen Substrat und Borkarbidschicht entsteht durch Sauerstoffdiffusion aus dem Substrat während der Abscheidung des Borkarbids eine überwiegend geschlossene R_2O_3–Schicht, deren Körner bevorzugt in [111]– oder in [001]–Richtung aufwachsen. Das Verhältnis dazu wird, wie die Bragg–Brentano–Röntgenmessungen nahelegen, wesentlich durch die Substrattemperatur bestimmt [Wim04].

- Als Restphasen entstanden darauf im wesentlichen YNi_4B, Ni_2B oder Ni_3B, aber auch eine chemisch leicht modifizierte YNi_4B-Phase konnte identifiziert werden.

- Für die Textur des Yttriumoxids an der Grenzfläche und der YNi_2B_2C–Schicht existieren zwei extremale Bedingungen, bei denen vorwiegend epitaktisches Wachstum festgestellt werden konnte [WHSH01]:
  - Im Fall niedriger Temperatur (600 °C) und niedriger Beschichtungsrate kann die [111]–Richtung dominieren. Sie kann sich in achtzähliger Symmetrie einstellen und ermöglicht ein zweifach a–Achsen–orientiertes Wachstum von YNi_2B_2C. Die sogenannte „duale a–Achsen–Textur“ parallel zur Substratebene von YNi_2B_2C ist vierzählig mit zusätzlichen Spiegelebenen bei 45 ° und 135°.
  - Im Fall höherer Temperatur (750 °C) und hoher Rate kann sich ein höherer Anteil {001}–orientierten Yttriumoxids ausbilden. Bei geeigneten Bedingungen kann das YNi_2B_2C darauf c–Achsen–orientiert und mit vierzähliger in–plane–Orientierung aufwachsen.

Die beiden Grenzfälle stellen allerdings Idealvorstellungen dar. Die in–plane–Ordnung wird wird oft von einer Fasertextur überlagert. Oft existiert noch ein kleines Volumen zufällig geordneter Kristallite. In Messungen anisotroper Eigenschaften mittelt sich der fasertexturierte Anteil heraus. Die Vergleichbarkeit mit Einkristallen ist dadurch aber noch nicht ideal.

In früheren Arbeiten zur Abscheidung von $LuNi_2B_2C$ wurden ebenfalls in–plane–orientierte Schichten auf MgO(100) untersucht [GCF+00, IAC+00, GMP+01]. Allerdings zeigen die Messungen des $LuNi_2B_2C$(2 0 10)-Reflexes einer detaillierten Untersuchung mehrere unterschiedliche in–plane–Orientierungen [GMP+01]. Ein relativ niedriges Intensitätsverhältnis zum Untergrund deutet darauf hin, dass die Schicht „weit von einer vollständigen in–plane Orientierung entfernt ist“ [GMP+01]. Die Autoren stellen ebenfalls einen starken Einfluss der Beschichtungsrate fest: eine Mindestrate von 0,05–0,06 nm/s ist für die Bildung der $LuNi_2B_2C$–Phase erforderlich. Eine nachfolgende

Arbeit von FERDEGHINI ET AL. zeigt überdies einen erheblichen Einfluss verschiedener MgO–Substratorientierungen auf die in–plane–Ordnung [FGB+03]. Der Vergleich der Abscheidung von $LuNi_2B_2C$ auf orientierten Einkristallsubstraten erbrachte für MgO(100) und MgO(111) ebenfalls mehrfache in–plane–Orientierungen, hingegen für MgO(110) „nahezu perfektes epitaktisches Wachstum“ bei den verwendeten Abscheidebedingungen [FGB+03]. Die Qualität der in–plane–Ordnung ist damit offenbar noch besser als die der besten YNi_2B_2C–Schichten auf MgO(100), allerdings verlor die gezeigte $LuNi_2B_2C$–Schicht auf MgO(110) in ihrer metallischen Transporteigenschaften erheblich an Qualität (RRR ≈ 7). Supraleitende Eigenschaften wurden nicht angegeben. In jener Arbeit wird außerdem eine Epitaxierelation zwischen einer um 13° verdrehten Borkarbid–Orientierung und der MgO(100)–Einkristalloberfläche festgestellt. Eine Epitaxierelation, die die in–plane–Orientierung des Grenzflächenoxids beschreiben könnte, wurde allerdings nicht angegeben.

Einen weiteren interessanten Ansatz verfolgte eine Untersuchung zur temperaturabhängigen in–plane–Textur von YNi_2B_2C auf Iridium–gepuffertem MgO(100) [RTW+05] durch RAO ET AL. Dabei wurde das sich bei der direkten Abscheidung bildende kubische Grenzflächenoxid erfolgreich durch eine in–situ abgeschiedene Iridium(0001)–Schicht ersetzt, ohne die in–plane–Textur des Borkarbids völlig zu verlieren. Offenbar bildet sich hier – möglicherweise durch Iridium–Diffusion – eine $Y_{1\text{-}x}Ni_{4+y}B$–Grenzflächenschicht, die mit TEM–Untersuchungen identifiziert wurde und die ein teils epitaktisches Wachstum der Borkarbidschicht ermöglicht. Durch Polfigurmessungen der in–plane–Textur an Schichten mit verschiedenen Beschichtungstemperaturen konnte die schon erwähnte 16-zählige Grundsymmetrie der YNi_2B_2C–Schicht auf dem Iridiumpuffer festgestellt werden. Diese enthält also insbesondere die oben erwähnten Fälle von Acht– und Vierzähligkeit.

Um die Epitaxiebeziehungen des Schichtsystems aufzuklären, werden im folgenden Teil Polfigurmessungen der Borkarbid– und der zugrundeliegenden Oxidschichten vorgestellt. Die Dicke der Oxidschichten ist dabei, wie die REM–Aufnahmen der FIB–Schnitte zeigen, ausreichend, um genügend Intensität für Polfigurmessungen zu erhalten.

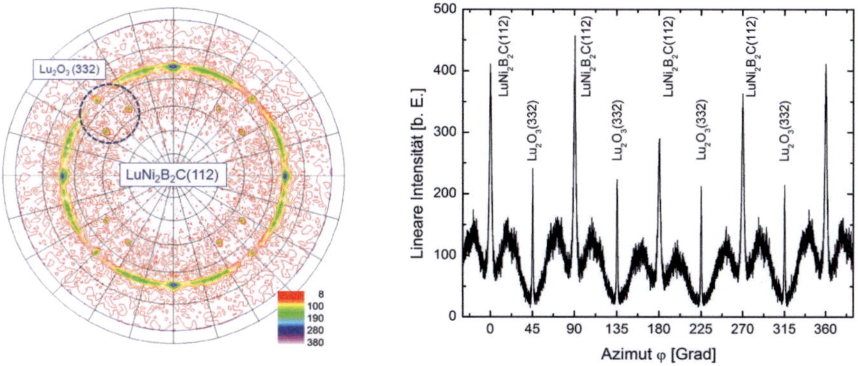

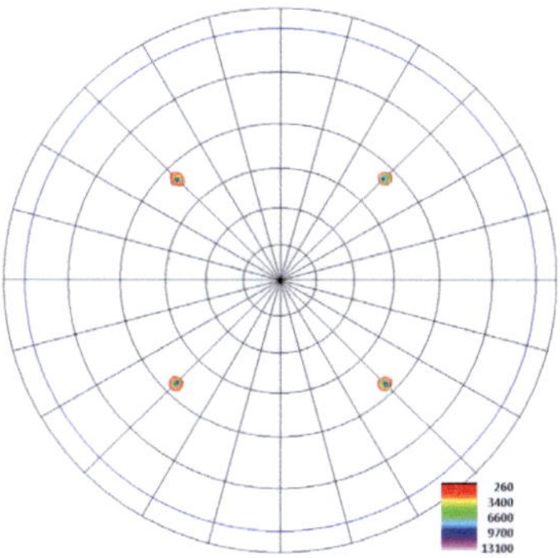

Abb. 4.1: *(oben)* Polfigur und ϕ-Scan der $LuNi_2B_2C(112)$–Ebenen (für Cu K_α bei 40,05 °) einer $LuNi_2B_2C$–Schicht auf MgO(100) unter Optimalbedingungen. Die Probe besitzt einen deutlichen Anteil epitaktisch gewachsener Borkarbidkörner, jedoch auch einen schmalen, fasertexturähnlichen Untergrund. Die dreieckigen, vierzähligen Reflexgruppen (eine Reflexgruppe markiert) stammen von $LuNi_2B_2C(332)$–Ebenen. *(links)* Die Polfigur der $Lu_2O_3(222)$–Ebenen (für Cu K_α bei 29,85 °) der Grenzschicht zeigt eine gute $\{001\}$–Epitaxie.

4.2 Abscheidung auf MgO–Einkristallsubstraten

4.2.1 $LuNi_2B_2C$ auf MgO(100)

Die Röntgenanalyse hat gezeigt, dass im $LuNi_2B_2C$ mit den gewählten Beschichtungsbedingungen eine scharfe c–Achsen–Textur erreicht werden kann. Eine Polfigurmessung der $LuNi_2B_2C(112)$–Ebenen zeigt nun zunächst die hohe Güte dieser c–Achsen–Textur durch eine Halbwertsbreite von $\Delta\psi < 2°$ (Abb. 4.1). Dies wird auch nach dem Röntgendiffraktogramm aus Abb. 3.1

erwartet. Darüberhinaus ist ein Großteil der Körner epitaktisch gewachsen: Da die Einheitszelle von $LuNi_2B_2C$ tetragonal ist, besitzt die Polfigur eine vierzählige Rotationssymmetrie. Die epitaktischen $LuNi_2B_2C(112)$–Reflexe liegen bei $\psi = 65°$ und besitzen auch eine scharfe in–plane–Halbwertsbreite von unter 2.5°. Ein kleinerer Volumenanteil ist zwischen 10 ° und 30 ° in beide Richtungen verdreht. Der ϕ–Scan bei $\psi = 65\,°$ zeigt neben den Borkarbidreflexen und den breiten Untergrundreflexen auch noch dreieckige $Lu_2O_3(332)$–Reflexgruppen, die die {001}–Wachstumsorientierung der Lutetiumoxidschicht an der Grenzfläche anzeigen. Diese ist eindeutig epitaktisch, wie die $Lu_2O_3(222)$–Polfigur zeigt und stellt somit eine Verbesserung gegenüber früheren Versuchen mit der Hochratendeposition [WHSH01, Wim04] dar. Jedoch bilden sich auch mit einer epitaktischen $Lu_2O_3(001)$–Grenzschicht noch Borkarbidkörner mit bestimmter Verdrehung gegenüber der epitaktischen Wachstumsrichtung, ohne jedoch die Schärfe der in–plane–Textur zu beeinflussen: die Halbwertsbreiten liegen im gleichen Bereich wie frühere Ergebnisse der Hochratendeposition [WHSH01, Wim04]. Es bleibt daher schwierig eine vollständige Ausrichtung in in–plane–Richtung zu erreichen.

Auf diese Weise lässt sich die schon diskutierte Schwierigkeit der Wachstumskontrolle anschaulich demonstrieren: Obwohl offenbar eine nahezu vollständig epitaktische Ausrichtung der Oxidschicht erreicht wird, bildet sich keine eindeutige in–plane–Textur in der Borkarbidschicht. Dabei sind die wichtigen Parameter, vor allem die Wachstumstemperatur und die Beschichtungsrate, wie bereits erläutert, auf sehr gute supraleitende Eigenschaften hin optimiert und daher nur noch in engen Grenzen veränderbar.

Aus den Polfiguren lassen sich nun die Epitaxierelationen für die Schichtfolge auf MgO(100) ermitteln:

$$\begin{aligned} (001)[100]_{MgO} &\parallel (001)[100]_{Lu_2O_3} \\ (001)[100]_{Lu_2O_3} &\parallel (001)[110]_{LuNi_2B_2C} \end{aligned} \tag{4.1}$$

woraus sich für $LuNi_2B_2C$ auf MgO(100) die Epitaxierelation von

$$(001)[100]_{MgO} \parallel (001)[110]_{LuNi_2B_2C} \tag{4.2}$$

ergibt.

4.2.2 $LuNi_2B_2C$ auf MgO(110)

Die Abscheidung auf MgO(110) zeigt eine weitaus klarere c–Achsen–Textur von $LuNi_2B_2C$ und eine entlang der Substratnormalen {110}–orientierte Oxidgrenzschicht. Gegenüber der Abscheidung auf MgO(100) zeigen die vorgestellten Experimente darüberhinaus, dass erstens auf MgO(110) eine noch schärfere in–plane–Textur erreichbar ist und zweitens – was noch wichtiger ist – diese in–plane–Textur auch dann erhalten bleiben kann, wenn die Beschichtungsparameter auf möglichst gute supraleitende Eigenschaften hin optimiert werden. Somit ist es erstmals möglich, die Abhängigkeit von wichtigen Beschichtungsparametern auch mit erhaltener in–plane–Textur in der Nähe der Optimalparameter zu analysieren.

Einfluss der Beschichtungstemperatur

Die schon festgestellte Temperaturabhängigkeit der $LuNi_2B_2C$–Phasenbildung (Abb. 3.2) zeigt sich auch in den Polfiguren in Abb. 4.2, in denen die Intensität des (112)–Reflexes mit steigender Beschichtungstemperatur stark ansteigt. Wichtig ist hier, dass unter den verwendeten Bedingungen und für MgO(110)–Substrate keine Tendenz zur Verdrehung, also zur Bildung einer Fasertextur, existiert (s. auch [FGB+03]). Stattdessen sind die Halbwertsbreiten $\Delta\phi \approx 2\,°$ und $\Delta\psi \approx 3\,°$ nahezu unabhängig von der Beschichtungstemperatur. Für niedrige Temperaturen unter 800 °C entstehen einige Nebenorientierungen, die jedoch in weiteren Experimenten nicht mehr beobachtet wurden. Aus den Polfiguren lässt sich eine eindeutige Epitaxierelation der in–plane–geordneten $LuNi_2B_2C$–Schichten zum MgO(110)-Substrat ableiten:

$$(011)[100]_{\mathrm{MgO}} \quad \| \; (001)[100]_{\mathrm{LuNi_2B_2C}}. \tag{4.3}$$

Polfigurmessungen der Oxidgrenzschicht (Abb. 4.2 unten) erlauben die vollständige Epitaxierelation der Schichtfolge zu ermitteln. Sie zeigen, dass das Lutetiumoxid an der Grenzschicht auch die in–plane–Richtung des Oxids größtenteils beibehält. Allerdings bildet sich für höhere Beschichtungstemperaturen noch eine zweite Orientierung, die um ca. 13 ° um die Substratnormale verdreht ist, und deren Intensität mit steigender Temperatur deutlich ansteigt. Da trotz der veränderlichen in–plane–Textur der Lu_2O_3–Schicht die biaxiale

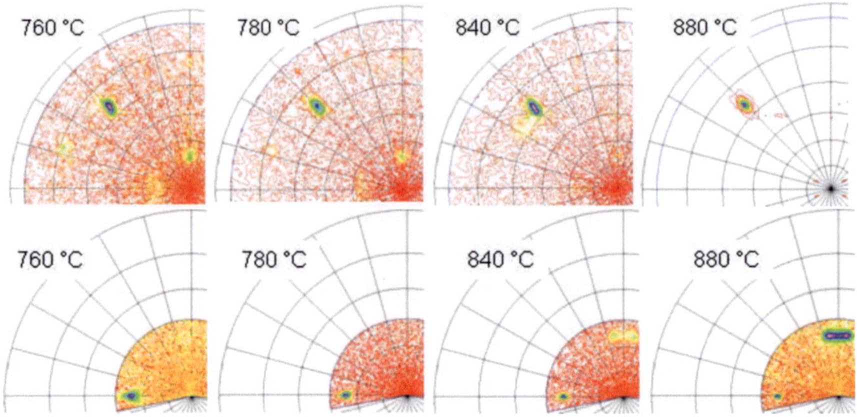

Abb. 4.2: Polfigurmessungen an vier in Serie auf MgO(110) hergestellten $LuNi_2B_2C$–Schichten (Schichtdicke ca. 150 nm) in Abhängigkeit von der Beschichtungstemperatur; $f = 20$ Hz (s. Abb. 3.2). Aus Symmetriegründen (zwei Spiegelachsen in der Basalebene) ist nur ein Quadrant abgebildet. Die Intensität ist von Null an linear skaliert; die Farbskala ist für jede Polfigur einzeln angepasst. Parameter dieser und der folgenden Messungen: Schrittweiten $\phi = \psi = 1{,}5°$; Austrittsblende 1×1 mm; Messzeit pro Punkt 0,5 s. Skala in ψ-Richtung von 0–90 ° in 15°-Schritten.
(oben) Polfigurmessungen der $LuNi_2B_2C(112)$–Ebenen zeigen eine eindeutig epitaktische in–plane–Textur des Borkarbids. Die Zunahme der Reflexintensität mit steigender Beschichtungstemperatur korreliert mit den Röntgenmessungen (Abb. 3.2). *(unten)* Polfigurmessungen der $Lu_2O_3(222)$–Ebenen (Wurzelskalierung). Die Oxidtextur ist für 780 °C eindeutig, während sich bei höheren Temperaturen eine zweite, um ca. 13 ° um die Substratnormale verdrehte Lu_2O_3–Orientierung bildet, deren Intensität mit steigender Temperatur deutlich ansteigt, die Bildung einer biaxialen Borkarbidtextur jedoch nicht behindert.

Textur des Borkarbids nicht beeinträchtigt wird, ist die relevante Oxidkomponente offenbar die, die parallel zur Wachstumsrichtung des Magnesiumoxids orientiert ist. Es können also folgende Epitaxierelationen zwischen den Schichten abgeleitet werden:

$$\begin{aligned} &(011)[100]_{MgO} \;\; || \; (011)[100]_{Lu_2O_3} \;\; \text{und} \\ &(011)[100]_{Lu_2O_3} \; || \; (001)[100]_{LuNi_2B_2C}. \end{aligned} \tag{4.4}$$

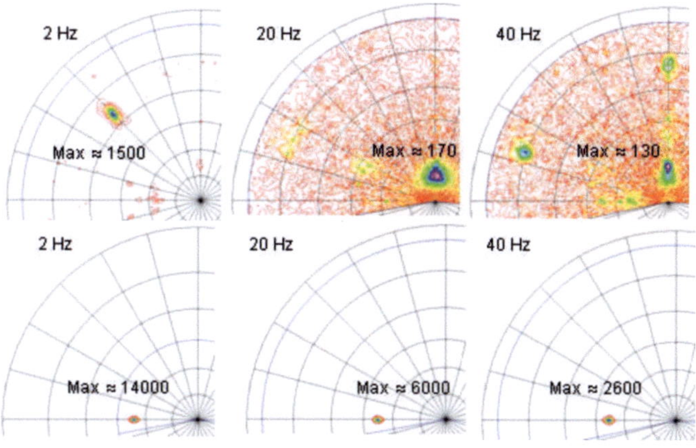

Abb. 4.3: Polfiguren der $LuNi_2B_2C(112)$–Ebenen von drei nacheinander hergestellten $LuNi_2B_2C$–Schichten auf MgO(110) in Abhängigkeit von der Laserwiederholrate (780 °C), s. auch Abb. 3.3. Die Beschichtungsrate bei 2 bzw. 20 Hz betrug ca. 0,04 nm/s bzw. 0,5 nm/s. Messparameter wie in Abb. 4.2. *(oben)* Nur für die geringste Laserwiederholfrequenz von 2 Hz bildet das Borkarbid eine epitaktische {001}–Textur. Wie im Fall 20 Hz und 880 °C ist diese auch hier scharf texturiert ist. *(unten)* Zugehörige Polfiguren der $Lu_2O_3(222)$–Ebenen der drei $LuNi_2B_2C$–Schichten aus Abbildung 4.2. *(links)* Auch hier zum Vergleich die Textur der MgO(222)–Ebenen des Substrats. Die $Lu_2O_3(222)$–Reflexe liegen bei $\psi = 37°$.

Für die Abscheidung von $LuNi_2B_2C$ auf MgO(110) unter den angegebenen Optimalbedingungen ergibt sich daher schließlich die vollständige Epitaxierelation zu

$$(011)[100]_{\mathrm{MgO}} \parallel (011)[100]_{\mathrm{Lu_2O_3}} \parallel (001)[100]_{\mathrm{LuNi_2B_2C}} \; . \qquad (4.5)$$

Einfluss der Laserwiederholfrequenz

Die Oxidgrenzschichten in der Laserfrequenzserie (Abb. 4.3 *unten*) sind eindeutig epitaktisch zum MgO(110)–Substrat und setzen die Orientierung der MgO–Einheitszelle im Substrat fort. Das Volumen ist hingegen von der Beschichtungsrate abhängig: mit steigender Beschichtungsrate (2 Hz → 20 Hz → 40 Hz) sinkt die Intensität des $Lu_2O_3(222)$–Reflexes recht deutlich. Dies ist nicht überraschend, da mit steigender Beschichtungsrate der Zeitraum des Oxidierens verkürzt wird.

Das schon in Abb. 3.3 ersichtliche Fehlen der c–Achsen–Orientierung für hohe Beschichtungsraten bei relativ niedriger Beschichtungstemperatur kann durch Polfigurmessungen weiter aufgeklärt werden (Abb. 4.3 *oben*). So bildet sich bei der niedrigen Frequenz von 2 Hz nicht nur die c–Achsen–Orientierung aus, sondern auch eine biaxiale in–plane–Orientierung. Demgegenüber zeigen die beiden Proben bei höherer Laserwiederholrate keine c–Achsen–Orientierung. Stattdessen wächst die $LuNi_2B_2C$–Phase verkippt und uneinheitlich auf. Dies ist offenbar auf die hohe Beschichtungsrate von ca. 0,5 nm/s bei 20 Hz zurückzuführen, welche deutlich höher ist als bei der zuvor vorgestellten Temperaturserie (Abb. 4.2).

Durch diese systematische Analyse ergeben sich aus den Experimenten zur Abhängigkeit der in–plane–Ordnung von der Beschichtungstemperatur und der Laserwiederholrate Paarungen von Beschichtungstemperatur und Abscheiderate (als Kombination aus Beschichtungsmenge pro Puls und Laserwiederholrate), die ein epitaktisches, wohltexturiertes Wachstum ermöglichen, und umgekehrt Paarungen, bei denen dieses erwünschte Wachstum nicht auftritt.

Da die Parameter kontinuierlich wählbar sind, kann für das komplexe Materialsystem $LuNi_2B_2C$ auf MgO(110) demonstriert werden, wie die Temperatur und die Beschichtungsrate (in der Nähe der Optimalbedingungen) im Hinblick auf die in–plane–Textur miteinander gekoppelt sind. Werden beide Parameter gemeinsam passend verschoben, kann epitaktisches Wachstum erhalten und damit eine hohe in–plane–Ordnung erreicht oder sogar verbessert werden. Dadurch ist es möglich die supraleitenden Eigenschaften etwas unabhängiger von den strukturellen Eigenschaften als bisher zu optimieren und zu untersuchen. Dies ist eine entscheidende technische Vereinfachung für die zukünftige Herstellung epitaktischer Seltenerd–Nickel–Borkarbidschichten.

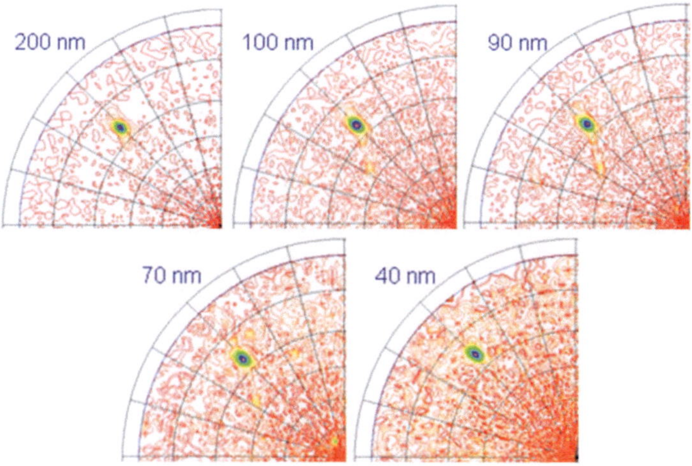

Abb. 4.4: Polfiguren der $LuNi_2B_2C(112)$–Reflexe in Abhängigkeit von der Schichtdicke, die mit AFM–Stufenkanten–Messungen bestimmt wurde. Die Schichten mit 70–200 nm stammen aus einer gemeinsamen Schichtdickenserie; die 40 nm dünne Schicht wurde nachträglich bei optimierten Bedingungen hergestellt. Die Skalierung mit der Wurzel der Intensität hebt die schwachen Nebenorientierungen hervor.

Einfluss der Schichtdicke auf die in–plane–Textur

Eines der grundlegenden Probleme bei der Abscheidung in–plane–texturierter YNi_2B_2C oder $HoNi_2B_2C$ Borkarbidschichten auf MgO(100) ist die Tatsache, dass bisher festgestellt wurde, dass sich die in–plane–Textur erst bei höheren Schichtdicken im Bereich einiger 100 nm ausbildet [HHS00, H00, WHSH01, Wim04]. Auch für $LuNi_2B_2C$ wurden eine partielle in–plane–Ordnung nur in Schichtdicken ab ca. 150 nm gefunden [GMP$^+$01]. Im Gegensatz dazu bildet sich die Borkarbidtextur auf MgO(110) unter Optimalbedingungen schon bei dünnen Schichten aus: Dies lässt sich anhand einer Schichtdickenserie erstmals zeigen (Abb. 4.4).

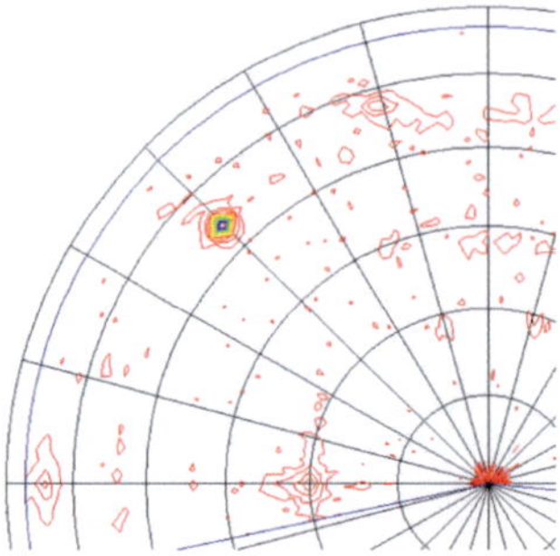

Abb. 4.5: Ausschnitt der (112)–Polfigur einer YNi_2B_2C–Schicht auf MgO(110) (Skalierung: Wurzel der Intensität). Die Optimalbedingungen für $LuNi_2B_2C$–Schichten wurden nur leicht modifiziert. Es bildet sich eine nahezu ebenso gute in–plane–Textur aus wie für $LuNi_2B_2C$. Die kritische Temperatur T_c (resistiv gemessen) beträgt 15,0 K mit $\Delta T_c = 0{,}3$ K und liegt damit ebenfalls nahe beim höchsten Einkristall–T_c (15,6 K).

4.2.3 Übertragbarkeit auf andere SE–Ni–Borkarbide: YNi_2B_2C und $HoNi_2B_2C$ auf MgO(110)

Die erarbeitete Abscheidemethode für vollständig in–plane–texturierte, supraleitende $LuNi_2B_2C$–Schichten ist für alle Borkarbidsysteme interessant, wenn sich andere SE–Ni–Borkarbidsysteme ebenso als Dünnschichten herstellen lassen. Es wird nun gezeigt, dass sich auch das ebenfalls nichtmagnetische YNi_2B_2C auf diese Weise auf MgO(110) abscheiden lässt: Mit leichter Modifikation der Beschichtungsparameter lässt sich ebenfalls eine biaxiale in–plane–Textur erzeugen (Abb. 4.5). Für $HoNi_2B_2C$ ist die Situation komplexer, da die hier durchgeführten Experimente zeigen, dass das experimentell benötigte Temperaturfenster wesentlich kleiner ist. Dennoch ist es möglich eine ähnliche in–plane–Ausrichtung in c–Achsen–texturierten $HoNi_2B_2C$–Schichten zu erhalten. Im Unterschied zu den bisher diskutierten YNi_2B_2C– und $LuNi_2B_2C$–Schichten besitzen sie noch einen leichten Fasertexturuntergrund (Abb. 4.7). Weitere Optimierungen hinsichtlich der Textur waren nur auf Kosten der supraleitenden Eigenschaften möglich. Eventuell überlappen sich die entsprechenden Parameterfenster weniger. Auch eine geringere Targetqualität und daraus resultierende Schwankungen der chemischen Zusammensetzung der Schichten kommen in Betracht.

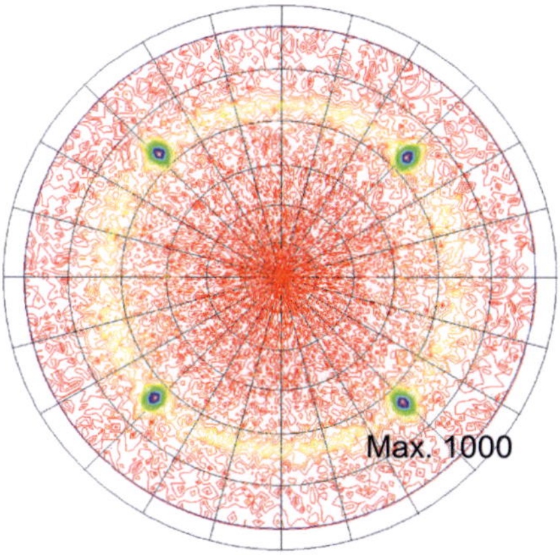

Abb. 4.6: (112)–Polfigur (in Wurzelskalierung) einer $HoNi_2B_2C$–Schicht mit optimierter in–plane–Textur. Die Beschichtungstemperatur wurde für $HoNi_2B_2C$ gegenüber $LuNi_2B_2C$ um ca. 40 °C abgesenkt. Ein leichter Fasertexturuntergrund bleibt sichtbar.

4.3 Abscheidung auf $Y_2O_3(001)$–Einkristall

Im Gegensatz zur Abscheidung auf ex–situ–Pufferschichten aus $Y_2O_3(001)$ ist es auf einem $Y_2O_3(001)$–Einkristall unter den erarbeiteten Beschichtungsbedingungen möglich, eine epitaktische Borkarbidschicht zu erzeugen (Abb. 4.7 *oben*). Gegenüber der Abscheidung auf MgO–Einkristallen ist die Borkarbid–Phasenbildung jedoch deutlich reduziert. Die (112)–Reflexe in der Polfigur sind dennoch vergleichsweise scharf und weisen auf eine überwiegend epitaktisch gewachsene $LuNi_2B_2C$–Schicht hin. Aufgrund der geringen Gitterfehlpassung wächst das Grenzflächenoxid auf dem Y_2O_3–Einkristall erwartungsgemäß epitaktisch auf.

Auf MgO(110) besitzt die $LuNi_2B_2C$–Schicht den schon ausführlich diskutierten sehr hohen Epitaxiegrad (s. auch Abschnitt 3.3): Die biaxiale in–plane–Textur ist vergleichsweise scharf mit $\Delta\phi < 1°$. Auf MgO(100) ist im Vergleich zu den schon diskutierten Ergebnissen eine Variation der in–plane–Ordnung erkennbar: Die (112)–Reflexe zeigen eine acht– statt vierzählige Rotationssymmetrie mit den jeweils stärkeren Reflexen bei 45°, 135°, 225 ° und 315°.

$LuNi_2B_2C$(332)–Reflexe sind hingegen kaum zu erkennen. Das bedeutet, dass ein Teil des Borkarbidvolumens mit der (100)–Achse parallel zur MgO(100)–Achse aufwächst, während ein anderer Teil um 45 ° verdreht ist. Dies lässt im Vergleich zur schon diskutierten Schicht auf MgO(100) vermuten, dass auch der Energieunterschied für die einzelnen Rotationsrichtungen auf MgO(100) geringer als für die Abscheidung auf MgO(110) ist.

Auf dem Y_2O_3–Einkristall muss aufgrund der gleichartigen in–plane–Ordnung der Oxidgrenzschicht eine ähnliche Textur wie auf MgO(100) erwartet werden. Die $LuNi_2B_2C$(112)–Polfigur zeigt jedoch einige Unterschiede: Zunächst werden die in der 45°–Richtung erkennbaren Reflexe bei $\psi = 65\,°$ von den Y_2O_3(332)–Ebenen verursacht. Sodann ist die (112)–Textur vierzählig. Die Reflexintensitäten jedoch fallen trotz gleicher Messparameter erheblich schwächer aus, so dass von einer deutlich verringerten Phasenbildung auszugehen ist.

Abb. 4.7: (ANDERE SEITE) Polfiguren simultan hergestellter $LuNi_2B_2C$–Schichten auf drei Substrattypen bei Optimalbedingungen. In der linken Spalte: Polfiguren der Lu_2O_3(222)–Reflexe, rechts: (112)–Borkarbidreflexe. Im Detail:
(oben) Die Abscheidung auf Y_2O_3(100)–Einkristall ermöglicht wie erwartet die {001}–Textur der Lu_2O_3–Grenzschicht. Die (112)–Reflexe von $LuNi_2B_2C$ bei $\phi =$ 0°, 90°, 180 ° und 270 ° sind relativ schwach ausgeprägt. Dazwischen sind die überlagerten (332)–Reflexe von der Oxidgrenzschicht und dem Substrat erkennbar. *(Mitte)* Auf MgO(100) ergibt sich die bereits diskutierte {001}–Textur der Oxidgrenzfläche. Die (112)–Reflexe von $LuNi_2B_2C$ haben achtzählige Rotationssymmetrie. Die stärker ausgeprägten Reflexe bei 45°, 135°, 225 ° und 315 ° zeigen, dass ein Teil der $LuNi_2B_2C$–Körner um 45 ° zum Substrat verdreht ist. *(unten)* Auf MgO(110) zeigt sich erneut der schon diskutierte hohe Texturgrad bei Optimalbedingungen.

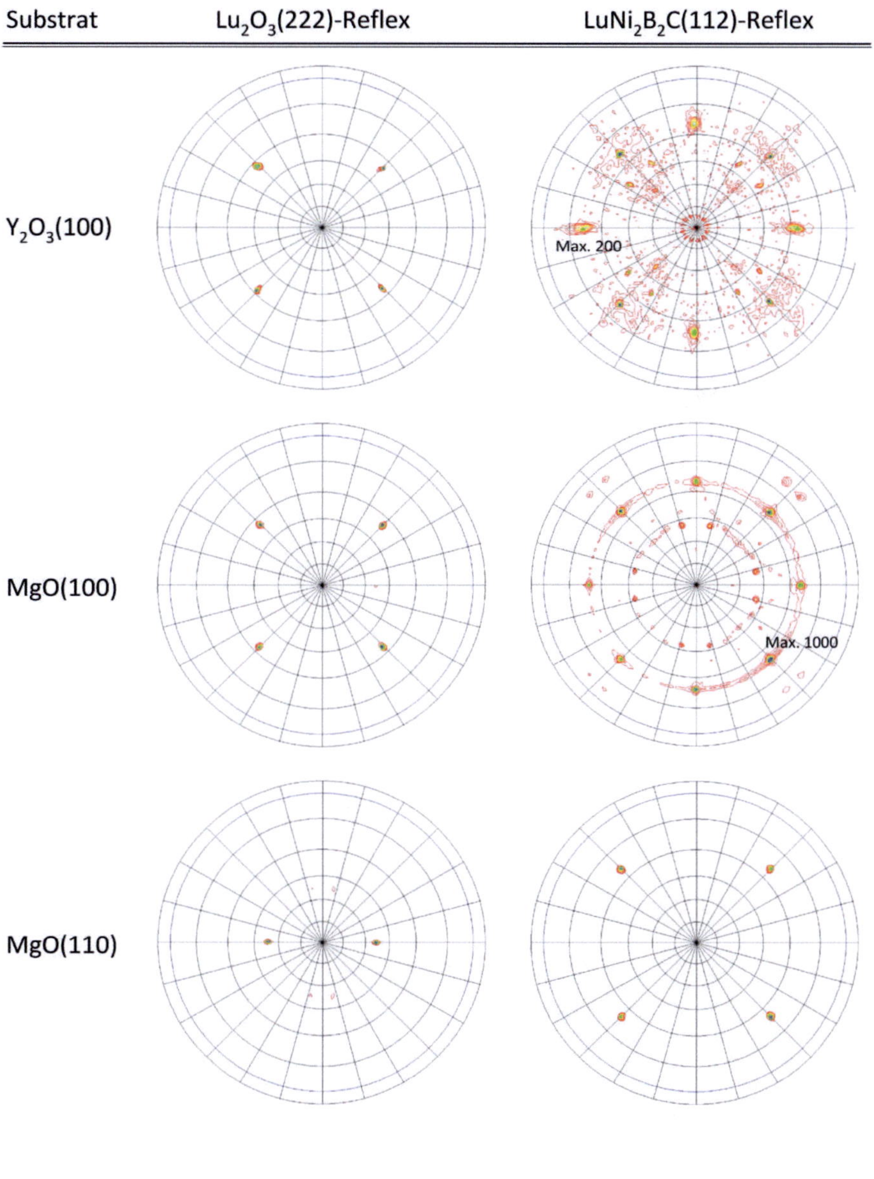
Substrat
Lu_2O_3(222)-Reflex
$LuNi_2B_2C$(112)-Reflex
Y_2O_3(100)
Max. 200
MgO(100)
Max. 1000
MgO(110)

5 Supraleitende Eigenschaften der $LuNi_2B_2C$–Dünnschichten

In diesem Kapitel werden die intrinsischen supraleitenden Eigenschaften der $LuNi_2B_2C$–Schichten untersucht und bewertet. Zunächst wird der Einfluss der Herstellungsparameter auf die kritische Temperatur und die Übergangsbreite anhand von Widerstandsmessungen behandelt. Induktive Messungen geben zusätzlich Aufschluss über die Homogenität und Phasenreinheit der Proben und sind daher während der Optimierung der Herstellung eine sinnvolle Ergänzung. Anschließend werden die Eigenschaften lithographisch strukturierter Strombrücken untersucht, die im folgenden Kapitel für die Anisotropieanalysen verwendet werden.

Der supraleitende Zustand eines Festkörpers entsteht, wenn genügend viele Ladungsträger einen gemeinsamen Grundzustand einnehmen, der von der Fermikante durch eine Energielücke getrennt ist. Die Ladungsträger, deren Wellenfunktion den gesamten Kristall durchdringt, bewegen sich dann kohärent und widerstandsfrei durch das Kristallgitter. Ein perfekter Einkristall besitzt zu jedem thermodynamischen Zustand (Druck, Magnetfeld,...) eine eindeutige kritische Temperatur T_c, an der der gesamte Kristall supraleitend wird. Für experimentell sehr gute Kristalle ist die Übergangsbreite ΔT_c sehr schmal und beträgt typischerweise unter 0,1 K.

In polykristallinen Festkörpern treten zusätzlich Korngrenzen und Oberflächeneffekte auf, an denen die Wellenfunktion gestreut wird. Auch können Gradienten in der chemischen Zusammensetzung die Kohärenz der Wellenfunktion stören, wodurch der supraleitende Übergang verbreitert wird. Beide Parameter sind also vor allem im Vergleich zu Einkristalldaten sinnvoll zu bewerten.

Seit der Entdeckung der supraleitenden Borkarbide hat sich der strukturelle Perfektionsgrad stark gesteigert. Die chemische Komplexität und das komplizierte Phasendiagramm haben dazu geführt, dass auch fast fünfzehn Jahre nach der Entdeckung der SE–Ni–Borkarbide noch Steigerungen der kritischen Temperatur oder des Restwiderstandsverhältnisses berichtet werden. Eine wichtige Rolle spielt dabei die richtige Temperaturbehandlung, welche den Kristall in einen passenden thermodynamischen Zustand bringt. Betrachtet man den Restwiderstand als zu minimierende Größe, so besitzen die Kristalle mit dem geringsten Restwiderstand nicht unbedingt die höchsten kritischen Temperaturen. Auch sind bisher nicht von allen Borkarbiden Einkristalle verfügbar, deren kritische Temperatur die von polykristallinen Proben übertreffen.

Bei den Borkarbid–Dünnschichtproben ist die Bandbreite der verfügbaren Daten noch größer. Dies liegt daran, dass die Abscheidebedingungen auf viele Eigenschaften, z. B. die Homogenität, die Textur usw. Einfluss nehmen. Auch spielt die genaue Wachstumstemperatur für die kristalline Ordnung eine wichtige Rolle. Zudem führt das epitaktische Wachstum auf oxidischen Substraten unter Umständen zu Verspannungen, die ebenfalls einen Einfluss auf die Supraleitung nehmen können.

Vor der Untersuchung der supraleitenden Eigenschaften ist das Restwiderstandsverhältnis (RRR) ein gut geeignetes Kriterium zur Beurteilung der kristallinen Ordnung. Gerade hier unterscheiden sich die vorhandenen Dünnschichten besonders stark. Allerdings können bestimmte Experimente eine Dünnschicht erfordern, deren Restwiderstandsverhältnis aufgrund der Wachstumsbedingungen klein ist, wenn sich die Ergebnisse nicht auf anderen Substraten oder unter anderen Bedingungen erzielen lassen. Beispielsweise wurden von Andreone et al. Untersuchungen der Bandlücke von $LuNi_2B_2C$–Schichten mit Mikrowellen durchgeführt [AAI+99]. Um möglichst geringe Verfälschungen durch das Substrat zu erhalten, verwendeten sie dafür Al_2O_3–Substrate, obwohl sich nur ein sehr geringes Restwiderstandsverhältnis von 3 erreichen ließ. Dies ist unter anderem in der inkompatiblen Kristallsymmetrie begründet, was im allgemeinen Wachstumsfehler begünstigt. Das Restwiderstandsverhältnis wurde auch danach häufig als ein Qualitätsmaß erwähnt, unter anderem berichteten FERDEGHINI ET AL. von $LuNi_2B_2C$–Dünnschichten mit einem Restwiderstandsverhältnis von maximal 13 auf MgO(100) und maximal 7 auf MgO(110) [FGB+03]. Als Folge schien die Untersuchung der Wachstumsbedingungen anderer Substrate als MgO(100) weniger attraktiv. WIMBUSH erzielte für Dünnschichten vergleichsweise hohe Restwiderstandverhältnisse von ca. 15 für $HoNi_2B_2C$ und 12 für YNi_2B_2C[Wim04]. Die Proben waren in beiden Fällen auch partiell in–plane–texturiert und besaßen vergleichsweise hohe Werte für die kritische Temperatur von 8,4 K bzw. 15,1 K.

Ein Vergleich mit Referenzwerten hochwertiger Einkristalle ist hier angebracht: Für einen $LuNi_2B_2C$–Einkristall mit $T_c = 16{,}5$ K wurde durch eine geeignete Temperaturbehandlung ein Restwiderstandsverhältnis von bis zu 27 erzielt [SDF+98]. Für einen hochreinen YNi_2B_2C –Einkristall mit $T_c = 15{,}5$ K konnten kristallrichtungsabhängig ein RRR von 36 für $\vec{j} \,||\, \vec{c}$ ($\vec{j}$: Stromdichte) und von 44 für $\vec{j} \,||\, \vec{a}$ ermittelt werden [Sch02, SGK+08]. Die zugehörigen spezifischen Restwiderstände liegen mit 0,85 $\mu\Omega$cm für $\vec{j} \,||\, \vec{c}$ und 0,70 $\mu\Omega$cm für $\vec{j} \,||\, \vec{a}$ auf extrem niedrigem Niveau und spiegeln eine herausragende Kristallperfektion wider. Für $HoNi_2B_2C$ liegt der minimale Restwiderstand deutlich höher, da bei niedrigen Temperaturen die Streuwahrscheinlichkeit an magnetischen Fluktuationen ansteigt [SGK+08]. Daher wurden nur Werte von RRR = 15 bzw. ein spezifischer Restwiderstand von 2,8 $\mu\Omega$cm für einen Einkristall mit $T_c = 7{,}8$ K erzielt [SGK+08].

Im Vergleich zu chemisch einfacheren Systemen sind die RRR–Werte jedoch niedrig; so liegen binäre metallische Systeme wie z. B. technische NbTi–Supraleiter in der Regel bei über 100 (s. z. B. [Cha05]), während für Nb–Einkristalle mit einem RRR über 2000 hergestellt werden können ([MOSB95]). Im Vergleich dazu wird deutlich, welch herausfordernde Komplexität die Borkarbidphase besitzt.

5.1 Intrinsische Eigenschaften unstrukturierter Schichten

5.1.1 Messverfahren

Die intrinsischen supraleitenden Eigenschaften werden von der elektronischen Bandstruktur hervorgerufen, welche durch strukturelle Besonderheiten beeinflusst werden kann. Beispielsweise kann eine leichte Abweichung der chemischen Zusammensetzung von der stöchiometrischen Verbindung innerhalb der Borkarbidkörner schon eine drastische Absenkung der kritischen Temperatur zur Folge haben [SBLT08]. Eine mögliche Ausbildung von Fremdphasen in den Korngrenzen sollte sich dagegen nicht oder nur geringfügig in den intrinsischen Eigenschaften bemerkbar machen.

Eine der wichtigsten Charakterisierungsgrößen eines Supraleiters ist die Größe der supraleitenden Bandlücke, die durch verschiedene spektroskopische Verfahren bestimmt werden kann. An Borkarbid–Einkristallen wurden von NAIDYUK ET AL. beispielsweise diverse Untersuchungen mit Punktkontaktspektroskopie vorgenommen [BCN+08, MFD+07, NBY+07]. Auch YNi_2B_2C–Dünnschichten sind für diese Methode geeignet [BNY+05]. Auch an den im Rahmen dieser Arbeit hergestellten, biaxial texturierten $LuNi_2B_2C$–Schichten sind Punktkontaktspektroskopieuntersuchungen erfolgreich angelaufen[1]. Erste Messungen liefern auch hier klare Hinweise auf Zweibandverhalten.

Im Vergleich zu Bandlücken– oder Punktkontaktspektroskopie experimentell wesentlich leichter zugänglich ist jedoch die kritische Temperatur T_c, die durch eine plötzliche Abnahme der magnetischen Suszeptibilität $\chi(H, T)$ gekennzeichnet ist. In Transportmessungen korreliert diese Temperatur mit dem Verschwinden des elektrischen Gleichstromwiderstandes $R(H, T)$. Beide Temperaturen können systematisch leicht voneinander abweichen, da sich eine resistive Messung auf den optimalen Strompfad in der Probe bezieht, während die Suszeptibilität eine integrale Größe in Bezug auf das Probenvolumen darstellt.

Alternativ kann bei Dünnschichtproben die von den Abschirmströmen ei-

1 O. KVITNITSKAYA ET AL., B. Verkin Institute for Low Temperature Physics, Kharkov, Ukraine.

ner Probe induzierte Spannung gemessen werden. Diese kann ebenfalls eine wichtige Aussage über die Homogenität einer Probe ermöglichen: Inhomogene Proben (meist weichen die Eigenschaften an den Probenrändern vom Zentrum ab) weisen eine größere Bandbreite der kritischen Temperatur für einzelne Teilbereiche auf und zeigen daher einen verbreiterten Übergang in den supraleitenden Zustand. Zur Verbesserung der Homogenität können dann entsprechende Maßnahmen bei der Beschichtung vorgenommen werden.

Die konkrete Festlegung der kritischen Temperatur anhand supraleitender Übergangskurven hängt in der Regel von den Proben und der Meßmethode ab. Für polykristalline Proben wird – von hohen Temperaturen kommend – üblicherweise der Beginn des Abfalls der Messgröße als kritische Temperatur definiert. Dazu werden der supraleitende Sprung und der Verlauf im normalleitenden Bereich linear extrapoliert und die Abszisse des Schnittpunktes als sogenanntes „Onset“ definiert. Als T_c^{90} wird dann der Temperaturwert bezeichnet, bei dem die beobachtete Größe, beispielsweise die magnetische Suszeptibilität oder die gemessene Induktivität, auf 90% ihres Wertes oberhalb von T_c gefallen ist. Der Temperaturabstand zwischen dem analog bestimmten T_c^{10} und T_c^{90} wird dann üblicherweise als Übergangsbreite ΔT_c definiert. Hochreine Einkristalle nichtmagnetischer Borkarbide erreichen im Nullfeld dabei Werte bis unter $T_c \approx 0{,}1$ K [SGK+08]. Für höhere externe Magnetfelder können Fluktuationen der magnetischen Induktion den supraleitenden Übergang verbreitern [MWK+97].

Die Kohärenzlängen der supraleitenden Borkarbide liegen in der Größenordnung einiger Nanometer, für $LuNi_2B_2C$ beispielsweise bei ca. 6 nm (für $T \rightarrow 0$) [MSFD08]. Korngrenzeneffekte spielen in den supraleitenden Borkarbid–Dünnschichten daher keine limitierende Rolle. Allerdings können auch in den epitaktischen Schichten die vorhandenen Subkorngrenzen Streuzentren darstellen, so daß ein geringer Einfluss auf den Stromtransport im normalleitenden Zustand nicht ausgeschlossen werden kann.

Ein weiterer Effekt, der bei Transportmessungen auftreten kann, ist die Verschiebung der supraleitenden Übergangstemperatur im Eigenfeld größerer Messströme. Die Messströme sollten daher so gewählt sein, dass beispielsweise eine Halbierung der Stromdichte keine Verschiebung des supraleitenden Übergangs mehr ergibt. Andererseits zeigen kleine Messströme ein größeres Rauschen. Bei den in dieser Arbeit untersuchten Dünnschichten wurden die unstrukturierten Proben mit 1 mA und die strukturierten mit 100 μA gemessen, womit sich beide Anforderungen erfüllen ließen.

Auf diese Weise lassen sich die Kriterien für die Bewertung der intrinsischen Eigenschaften supraleitender Borkarbid–Dünnschichten formulieren. Die Höhe der kritischen Temperatur ist ein Maß dafür, ob in einer Probe die optimale stöchiometrische Zusammensetzung vorliegt. Je schmaler der supraleitende Übergang ist, desto homogener ist die Probe.

Das spezifische Restwiderstandsverhältnis zwischen Raumtemperaturwiderstand und dem für $T \to 0$ extrapolierten Widerstand im normalleitenden Bereich ist ein sensibles Maß für die Qualität des strukturellen Wachstums und der kristallinen Ordnung. Die Messung des Restwiderstandsverhältnisses eignet sich auch zur schnellen Vorcharakterisierung unstrukturierter Proben: Aus dem Temperaturverlauf des elektrischen Widerstandes lassen sich der Raumtemperaturwiderstand und ein Restwiderstand oberhalb von T_c direkt ablesen. Ist die Probe hinreichend homogen, so ergibt das Verhältnis der beiden Widerstände nur eine leichte Unterschätzung des spezifischen Restwiderstandsverhältnisses, in der lediglich die weitere Abnahme des normalleitenden spezifischen Widerstandes für $T \to 0$ nicht berücksichtigt ist. Der spezifische Widerstand ist dann zwar noch nicht bekannt; das gemessene Verhältnis zwischen dem Raumtemperaturwiderstand $R_{300\,\mathrm{K}}$ und dem Restwiderstand oberhalb von T_c stellt aber eine leicht zugängliche und handliche Größe für die Charakterisierung der strukturellen Reinheit einer Borkarbid–Dünnschicht dar. Im folgenden wird das so ermittelte Verhältnis einfach als Restwiderstandsverhältnis bezeichnet, während mit „spezifischem Restwiderstandsverhältnis" das genaue Verhältnis des spezifischen Widerstandes bei 300 K und des für $T \to 0$ extrapolierten normalleitenden spezifischen Widerstandes gemeint ist.

5.1.2 Einfluss der Beschichtungsparameter in der Nähe der Optimalbedingungen

Um den Einfluss der Beschichtungsparameter auf die Eigenschaften der Dünnschichten aufzuklären, wurden Untersuchungen der Struktur und der Textur ausführlich diskutiert. In diesem Abschnitt wird der Einfluss auf die Supraleitungseigenschaften behandelt. Diese reagieren wesentlich empfindlicher auf Veränderungen der Beschichtungstemperatur oder anderer Abscheideparameter, als mit den diskutierten Strukturuntersuchungen sichtbar ist. Insbesondere wird auch gezeigt, welche experimentelle Streuung die kritische Temperatur und das Restwiderstandsverhältnis bei annähernd konstant gehaltenen Beschichtungsbedingungen aufweisen.

Beschichtungstemperatur

Die Optimierung der Wachstumsstruktur supraleitender $LuNi_2B_2C$–Dünnschichten in Abhängigkeit von der Beschichtungstemperatur (s. Abb. 4.2) erhöht parallel die kritischen Temperaturen der Proben: Die Proben, die bei 740 °C, 780 °C und 840 °C hergestellt wurden, zeigen eine klare Verbesserung der kritischen Temperatur von ca. 14 K auf 15,1 K sowie eine leichte Abnahme der supraleitenden Übergangsbreite mit steigender Beschichtungstemperatur. Eine Beschichtungstemperatur von 880 °C ist dagegen trotz stark verbesserter Texturbildung offensichtlich zu hoch, wie der stark verbreiterte Widerstandsübergang in Abb. 5.1 zeigt: Zwar ist der Ansatz eines supraleitenden Phasenübergangs bei 14,1 K klar zu erkennen, jedoch geht die Probe erst bei ungefähr 4 K vollständig in den supraleitenden Zustand über. Wie in Abb. 3.2 gezeigt, treten bei dieser Beschichtungstemperatur zusätzliche Fremdphasen auf. Diese können einerseits durch verstärkte Grenzflächenreaktionen und damit erhöhte Sauerstoff–Interdiffusion in die $LuNi_2B_2C$-Phase erzeugt werden, andererseits kann auch ein Zerfall der $LuNi_2B_2C$-Phase in angrenzende, stabilere Phasen nicht ausgeschlossen werden (s. Diskussion in Abschnitt 1.3).

Unterhalb der optimalen Beschichtungstemperatur von 840 °C führt die beschriebene Verbesserung der Phasenbildung, verbunden mit einer defektärmeren Kristallstruktur, mit steigender Temperatur auch zu einer höheren

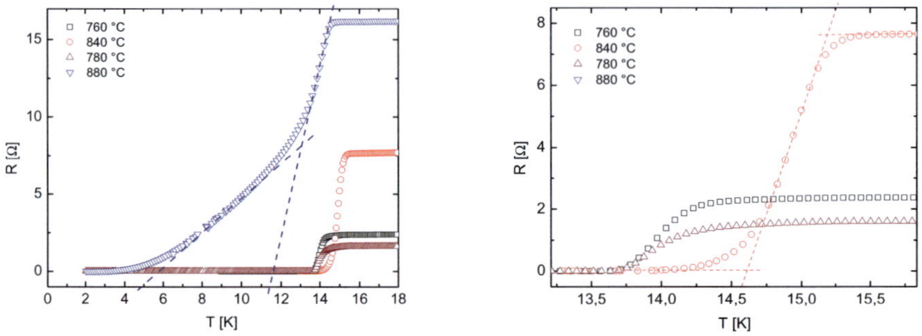

Abb. 5.1: Messung der elektrischen Transportwiderstände unstrukturierter Schichten, die bei verschiedenen Beschichtungstemperaturen hergestellt wurden (s. Abb. 3.2 u. 4.2). *(links)* Die Schicht, die bei $T_{Dep} = 880\,°C$ hergestellt wurde, besitzt eine stark vergrößerte Übergangsbreite, die vermutlich durch Interdiffusion hervorgerufen wird. *(rechts)* Ausschnitt ohne die bei 880 °C abgeschiedenen Schicht.

kritischen Temperatur. Kritische Temperaturen um 15,1 K (bis zu 16,5 K bei Einkristallen) und Restwiderstandsverhältnisse bis etwa 10 entsprechen Werten, wie sie in früheren Arbeiten für YNi_2B_2C–Dünnschichten auf MgO(100) erreicht wurden [H00, Wim04].

Aus den Ergebnissen der beschriebenen Temperaturserie folgt ein geeignetes Temperaturfenster von ca. 800 °C bis 850 °C, in dem die weiteren diskutierten Parameteränderungen untersucht wurden. Eine wesentliche Verbesserung ergibt dabei die Reduktion der Beschichtungsrate durch eine verringerte Laserwiederholfrequenz bei Beibehaltung der Abscheidemenge pro Puls. Bei einer kritischen Temperatur von 15,6–15,8 K und Restwiderstandsverhältnissen von ca. 13–15 wurde das Parameterfenster definiert, welches in Kapitel 1 als „Optimalbedingungen“ bezeichnet wurde. Abbildung 5.2 zeigt eine resistive Messung einer bei diesen Bedingungen abgeschiedenen Probe. Der supraleitende Sprung findet in einem schmalen Übergang von $\Delta T_c \approx 0{,}3$ K statt; das Restwiderstandsverhältnis beträgt ca. 15.

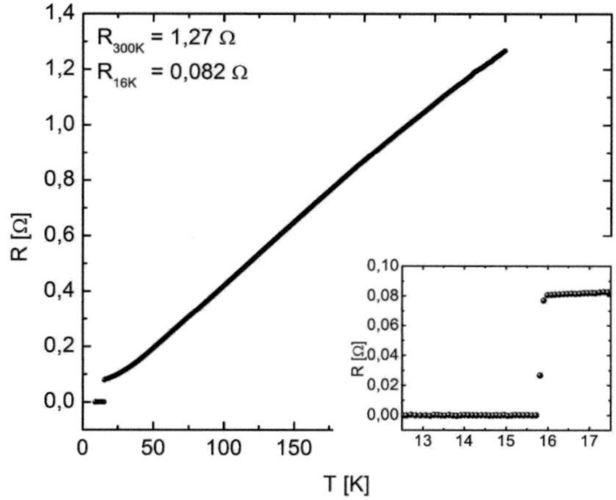

Abb. 5.2: Messung des Transportwiderstandes einer unstrukturierten Schicht, die unter Optimalbedingungen hergestellt wurde (830 °C, 5 Hz) mit Ausschnittsvergrößerung im Bereich der kritischen Temperatur.

5.1.3 Experimentelle Streuung der kritischen Temperatur bei Optimalbedingungen

Um den Einfluss der wesentlichen Beschichtungsparameter in der Nähe des Parameterfensters bewerten zu können, ist es erforderlich die natürliche Streuung der Probeneigenschaften zu kennen. Damit sind die statistischen Abweichungen der Probeneigenschaften voneinander gemeint, die entstehen, wenn mehrere Proben unter den gleichen experimentellen Bedingungen hergestellt werden. In der experimentellen Praxis bedeutet das, dass die Beschichtungsparameter im Rahmen der Genauigkeit der einzelnen Kontrollparameter, hier vor allem der Temperatur und der Beschichtungsrate, möglichst konstant sind.

Abbildung 5.3 zeigt einen Ausschnitt aus einer fortlaufenden Serie mehrerer Proben, die, von zwei Ausnahmen abgesehen, mit gleichen Parametern hergestellt wurden. Dies umfasst auch einen Reinigungsschritt des Laserstrahleintrittsfensters sowie das Schleifen der Targetoberfläche zwischen den mit

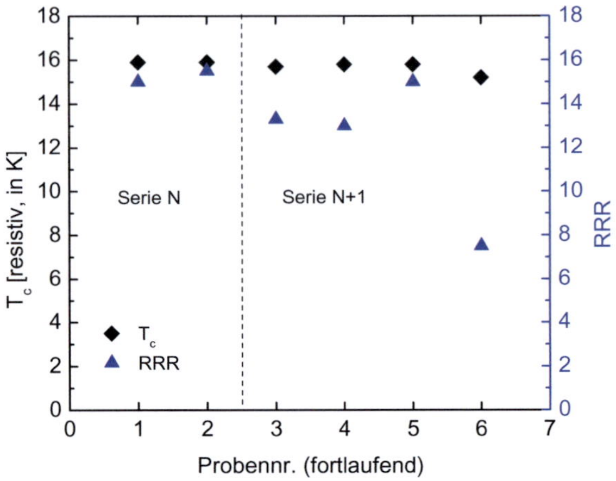

Abb. 5.3: Ausschnitt einer $LuNi_2B_2C$–Probenserie auf MgO(110) unter gleichen Herstellungsbedingungen (830 °C, 5 Hz). Zwischen den Serien N und $N+1$ wurde das Lasereintrittsfenster gereinigt, sowie das Target einem Oberflächenschliff unterzogen, um die Targetrauhigkeit zu verringern. So wird gezeigt, dass supraleitende Borkarbid–Dünnschichten mit exzellenten Eigenschaften (T_c nahe 16 K, RRR $\approx$ 13–15) reproduziert werden können. Probe Nr. 6 wurde bei ca. 30% geringerer Beschichtungsrate erzeugt, was ein deutlich verringertes Restwiderstandsverhältnis zur Folge hat.

N und $N+1$ bezeichneten Serien. Dabei weicht die Beschichtungsrate der ersten gezeigten Schicht um ca. 30% nach oben und die der letzten Schicht der zweiten Serie um ca. 30% nach unten ab. Diese beiden Ausnahmen geben einen Hinweis auf den Einfluss einer vom erarbeiteten Standard abweichenden Beschichtungsrate.

Der Vergleich dieser beiden exemplarischen Proben mit den anderen Proben der gezeigten Serie zeigt, dass eine nach oben abweichende Beschichtungsrate (durch Brennfleckgeometrie, Laserenergiedichte und Targetoberflächenstruktur technisch begrenzt) nicht zu einer Verschlechterung der Supraleitungseigenschaften führt. Dies ist bei verringerter Rate offenbar anders. Hieraus wurde letztlich auch die Standard–Beschichtungsrate definiert, die in Kapitel 1 in der

Auflistung der Optimalbedingungen angegeben wurde. Zudem zeigt Abb. 5.3, dass mit den definierten Parametern supraleitende Borkarbid–Dünnschichten mit exzellenten Eigenschaften reproduzierbar hergestellt werden können.

Die hier untersuchten intrinsischen Eigenschaften reagieren wesentlich empfindlicher auf Veränderungen der Wachstumsbedingungen als die mittels Röntgenbeugung erfassbaren strukturellen Eigenschaften: Weder in Bragg–Brentano–Geometrie noch mittels Texturmessungen sind signifikante Unterschiede zwischen den Schichten aus Abb. 5.3 zu erkennen.

5.1.4 Einfluss der Schichtdicke auf die supraleitenden Eigenschaften

Da die $LuNi_2B_2C$–Dünnschichten nur einen Teil des Schichtsystems bilden, die gemessene Schichtdicke jedoch zusätzlich die Oxid–Grenzschicht umfasst, stellt sich die Frage, welche Mindestdicke erzeugt werden muss, um uneingeschränkte Supraleitfähigkeit zu erhalten.

Abbildung 5.4 zeigt die resistiv ermittelten, normierten Schichtwiderstände von $LuNi_2B_2C$–Dünnschichten unterschiedlicher Gesamtdicke, die unter den definierten Standardbedingungen hergestellt wurden. Die Schichtdicke wurde durch die Zahl der Laserpulse auf das $LuNi_2B_2C$–Target eingestellt und zuerst mittels AFM an nasschemisch geätzten Stufenkanten gemessen (die experimentelle Unsicherheit beträgt ca. 20 nm). Da die Laserpulsfrequenz konstant gehalten wurde, folgt aus der variierenden Beschichtungsdauer eine gleichfalls variierte Reaktionsdauer für die in–situ–Grenzschicht. Später wurden anhand von FIB–Schnitten zweier Proben die Dicken aller vier Proben abgeschätzt. Es war daher interessant zu erfahren, ob die Grenzschichten zweier Schichten mit unterschiedlicher Gesamtschichtdicke eine ähnliche Dicke besitzen und ab welcher Gesamtdicke mit vollständiger Supraleitung zu rechnen ist.

Die resistiven Messungen zeigen, dass für eine Gesamtschichtdicke von ca. 100 nm schon eine deutliche Abnahme der supraleitenden Sprungtemperatur im Vergleich zu der Standarddicke von 200 nm zu verzeichnen ist, und dass der supraleitende Sprung verbreitert wird. Die Proben mit gemessenen Schichtdicken von 90 nm und 100 nm verhalten sich bezüglich der kritischen Temperatur verschieden, was mit der Ungenauigkeit der AFM–Messungen er-

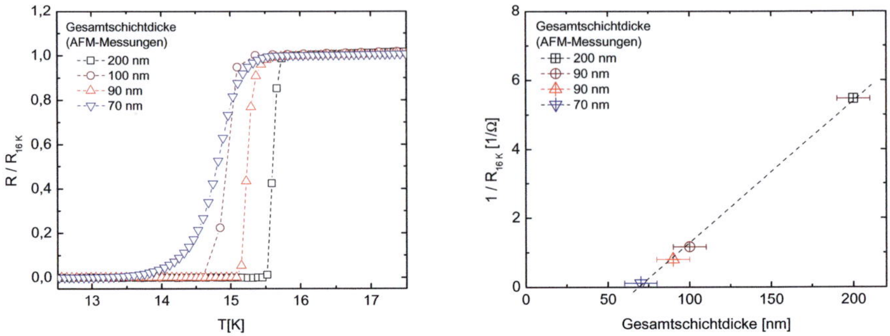

Abb. 5.4: *(links)* Normierte R(T)-Verläufe im Bereich der kritischen Temperatur von $LuNi_2B_2C$–Dünnschichten unterschiedlicher Gesamtdicke auf MgO(110). Die Gesamtschichtdicken wurden mittels AFM-Messungen an nasschemisch geätzten Stufenkanten ermittelt. Die Ungenauigkeit der AFM-Dickenmessung wurde mit ca. 20 nm angenommen. Der Abfall der kritischen Temperatur ist nicht linear, sondern für die Schicht bei gemessenen 100 nm größer als für die mit gemessenen 90 nm, was durch die Ungenauigkeiten der AFM–Messung verursacht sein kann. *(rechts)* Die Auftragung der Kehrwerte der Restwiderstände (der nicht strukturierten Proben) gegen die mit AFM gemessenen Gesamtschichtdicken zeigt, dass bei den verwendeten Abscheidungsparametern eine ungefähr 60–70 nm dicke, nichtleitende Oxid–Grenzschicht entsteht.

klärt werden kann. Die Auftragung des Kehrwertes des Restwiderstandes der (unstrukturierten) Proben ergibt, dass die nichtleitende Oxid–Grenzschicht ca. 60–70 nm dick ist. Eine resultierende mittlere Dicke der $LuNi_2B_2C$–Schicht von nur ca. 130 nm ist daher mindestens notwendig um in den Dünnschichten die maximale Sprungtemperaturen zu erhalten. Diese recht geringe Dicke vereinfacht die Abscheidung ebenfalls, da bei einer größeren Dicke sowohl die zunehmende Targetrauhigkeit als auch die abnehmende Energiedichte zu einer signfikanten Verringerung der Beschichtungsmenge pro Puls führen.

5.2 Lithographisch strukturierte $LuNi_2B_2C$–Dünnschichten

Für die Bestimmung des spezifischen Restwiderstandes ist eine Struktur in Form einer mikroskopischen Brücke notwendig, die einen festen geometrischen Strompfad definiert und so den Einfluss lateraler Inhomogenitäten ausschließt. Solche Strukturen können im IFW in einem „Klasse 100“–Reinraum mit geeigneten Masken lithographisch erzeugt werden. Die in der Arbeitsgruppe für die supraleitenden Dünnschichten üblicherweise verwendete Positivmaske ergibt eine Brücke von 800 μm Länge und 50 μm Breite, welche samt ihrer Kontaktflächen durch Belacken und Ionenätzen aus der Schicht herauspräpariert wird. Die Kontaktflächen werden anschließend mittels Laserdeposition bei Raumtemperatur vergoldet, um Ohmsche Kontakte mit niedrigem Widerstand zu erzeugen[2]. Eine innerhalb der Arbeitsgruppe bewährte Kontaktierung mittels geätzter Kupferdrähte und Leitsilber ermöglicht die zuverlässige Bestimmung des elektrischen Widerstandes bis zu tiefen Temperaturen.

5.2.1 Temperaturverlauf des spezifischen elektrischen Widerstandes

Der spezifische elektrische Widerstand ρ von Metallen entsteht durch verschiedene Streuprozesse der freien Elektronen. Nach der Matthiesen–Regel werden die elastische Streuung an Punktdefekten ρ_0, die Elektron–Phonon–Streuung ρ_p und die Elektron–Elektron–Streuung ρ_e addiert; beim Auftreten z. B. magnetischer Ordnungsprozesse müssen weitere Terme berücksichtigt werden. Dabei nimmt der elektrische Widerstand von hohen Temperaturen kommend annähernd linear ab, bis er für kleine Temperaturen potenzgesetzartig gegen einen konstanten spezifischen Restwiderstand strebt. Bei tiefen Temperaturen dominiert die Streuung an Kristalldefekten die an thermischen Phononen. Daher ist der spezifische Restwiderstand für verschiedene Proben desselben Metalls umso kleiner, je geringer die Zahl der Streuzentren im Kristallgitter ist.

2 Die Ohmschen Kontaktwiderstände betragen etwa 1 Ω, was klein genug gegenüber dem typischen Brückenwiderstand bei 300 K von ca. 40 Ω ist.

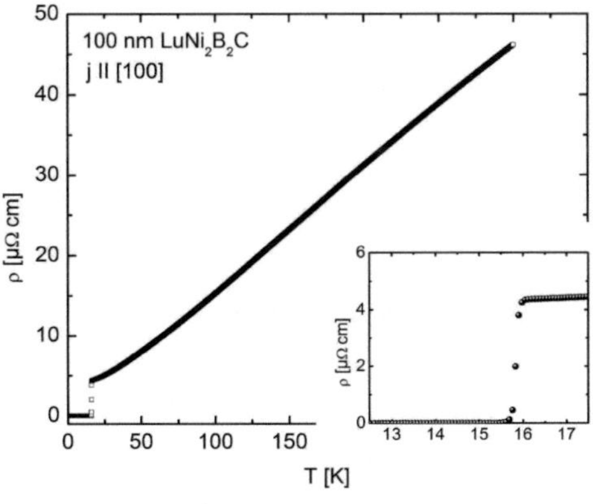

Abb. 5.5: Aus dem Verlauf von R(T) und der Brückengeometrie berechneter spezifischer elektrischer Widerstand ρ(T) einer strukturierten, biaxial texturierten $LuNi_2B_2C$–Dünnschicht auf MgO(110). Die mit FIB gemessene effektive Dicke der Borkarbid–Schicht liegt zwischen 90 und 105 nm und wurde zu 100 nm gemittelt.

Der Phononenbeitrag folgt für einfache Metalle der Bloch–Grüneisen–Beziehung, welche bei tiefen Temperaturen durch $\rho_p \sim T^5$ und für hohe Temperaturen durch $\rho_p \sim T$ angenähert werden kann (z. B. [Kit87]). Der Beitrag der elastischen Streuung an Fremdatomen und Grenzflächen ρ_0 ist temperaturunabhängig und daher konstant. Die Elektron-Elektron-Streuung, die quadratisch von der Temperatur abhängt, kann nur bei sehr reinen Metallen nachgewiesen und für die Borkarbide daher vernachlässigt werden [BRNC97, RBPN97].

Oberhalb von etwa 150 K gilt daher näherungsweise für viele Metalle:

$$\rho(T) = \rho_0 + \text{const} \cdot T \tag{5.1}$$

Für viele Supraleiter treten im experimentell wichtigen Bereich unter 100 K jedoch Abweichungen von diesem Verlauf auf. Daher greift man üblicherweise auf den empirischen Ansatz eines Potenzgesetzes zurück, der für Borkarbid–Einkristalle sehr gut funktioniert [SGK+08]:

$$\rho(T) = \rho_0 + \text{const} \cdot T^n \tag{5.2}$$

Für YNi_2B_2C–Einkristalle sowie für gezielt verunreinigte polykristalline Proben wurde n zu etwa 2,2 bestimmt [RBPN97, SGK+08]. Der gemessene Verlauf der spezifischen Widerstandskurve ρ(T) folgt oberhalb von 100 K annähernd einer linearen Funktion (Abb. 5.5). Unterhalb von 100 K biegt ρ(T) in einen potenzgesetzähnlichen Verlauf ab, allerdings lassen sich leichte Abweichungen je nach Temperaturbereich feststellen. Zur Ermittlung des spezifischen Restwiderstandes $\rho_{N,T\to0}$ kann der Verlauf des spezifischen Widerstandes ρ(T) in einem mittleren Temperaturbereich durch ein Polynom dritten Grades genähert und für $T < T_c$ analytisch fortgesetzt werden [SGK+08]. Allerdings zeigt sich hier, dass sich der vorliegende Kurvenverlauf für $\rho(T)$ auch für kleine Temperaturwerte am besten mit einem Potenzgesetz anpassen lässt.

Die Höhe des spezifischen Restwiderstandes hängt stark von der Reinheit der entsprechenden Probe ab. Für die nichtmagnetischen Borkarbide YNi_2B_2C und $LuNi_2B_2C$ liegen die niedrigsten Werte hochreiner Einkristalle bei ca. 1 $\mu\Omega$cm [MSFD08]. In der untersuchten Dünnschicht lässt sich allerdings kein eindeutiges Potenzgesetz über einen weiten Temperaturbereich anpassen (Abb. 5.5): Vielmehr weichen die Anpassungen für unterschiedliche Temperaturbereiche stark voneinander ab. Beispielhaft sind Anpassungen für T von T_c... 30 K, T_c... 50 K, 40–100 K und 50–150 K aufgeführt (Abb. 5.6). Dabei ergibt die Anpassung von 16–30 K mit $\rho_{N,T\to0} = 3{,}89\,\mu\Omega$cm dabei die sinnvollste Schranke für den spezifischen normalleitenden Restwiderstand. Dieser Wert stellt einen der niedrigsten Werte für supraleitende Borkarbid–Dünnschichten dar. Das daraus ermittelte spezifische Restwiderstandsverhältnis der strukturierten $LuNi_2B_2C$–Brücke liegt bei 11. Der Exponent $n = 1{,}99$ der Anpassung zwischen 16 K und 30 K weicht von dem von Einkristallen bekannten Wert von 2,2 vergleichsweise wenig ab. Von Wimbush et al. wurden ohne Berechnungsvorschrift Werte von ca. 2,5 angegeben [Wim04]. Weitere Werte für Borkarbid–Dünnschichten sind bisher nicht bekannt.

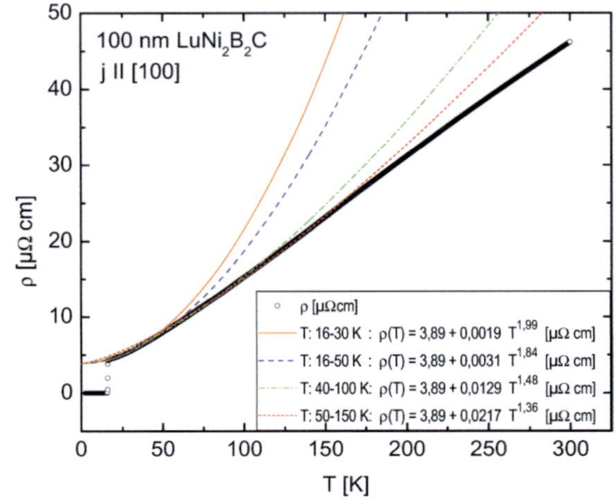

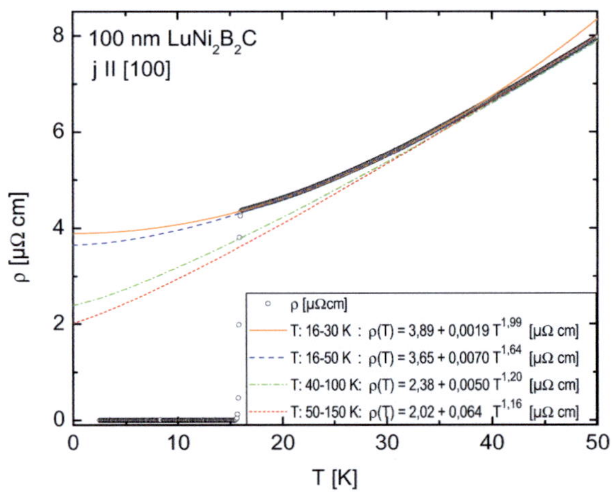

Abb. 5.6: Anpassungen von $\rho(\mathrm{T}) = \mathrm{a} + \mathrm{b} \cdot \mathrm{T}^{1+\mathrm{x}}$ für verschiedene Temperaturbereiche. Die plausibelste Schranke für $\rho_N \to 0$ liefert eine Potenzgesetz–Anpassung im Bereich von 16–30 K mit $\rho_0 = 3{,}89\,\mu\Omega\mathrm{cm}$, die einen Exponenten n = 1,99 ergibt. Für Anpassungen an höhere Temperaturbereiche sinkt der Exponent auf 1,16 ab, während der spezifische normalleitende Restwiderstand stark unterschätzt wird.

5.3 Nachträgliche in–situ Temperaturbehandlung

Die Experimente zur Abscheidung von $LuNi_2B_2C$ auf MgO(110) ergaben ein T_c–Optimum für eine Beschichtungstemperatur von 830 °C und eine Laserwiederholrate von 5 Hz bei der einjustierten Strahlgeometrie. Mit diesen Optimalbedingungen konnten erstmals sehr gute Ergebnisse hinsichtlich der Struktur, der in–plane–Textur, der kritischen Temperatur und des Restwiderstandsverhältnisses erzielt werden.

Das maximal erreichbare Restwiderstandsverhältnis unstrukturierter Proben betrug ca. 15–16; das spezifische Restwiderstandsverhältnis von ca. 11 stellt bisher das Maximum für strukturierte $LuNi_2B_2C$–Dünnschichten dar. Eine weitere Erhöhung des Restwiderstandsverhältnisses war nicht einfach durch Optimierung der Beschichtungsbedingungen erreichbar. Auch eine Verdopplung der Schichtdicke, welche die Dicke der $LuNi_2B_2C$–Schicht stärker als die der Oxidschicht anwachsen lässt (s. Abb. 5.4), erbrachte eine Stagnation bei ca. 15–16 in unstrukturierten Schichten. Aufgrund der erreichten Konstanz der Abscheidung sind diese Werte allerdings erstmals überhaupt reproduzierbar (s. Abb. 5.3). Damit ist ein Standard geschaffen, von dem aus auch subtilere Modifikationen in den Schichten untersucht werden können.

Da schon ausführlich erläutert wurde, welche großen Auswirkungen der Ordnungsgrad der Borkarbidkristalle auf die supraleitenden Eigenschaften besitzt (s. Abschnitt 1.4.2), wird im folgenden der Einfluss einer nachträglichen in–situ–Temperaturbehandlung diskutiert. Auch hier wurden mehrere Proben untersucht um einen eindeutigen Einfluss feststellen zu können. Um der gesteigerten Oxidation entgegenzuwirken, wurde die Zieldicke der Schichten um 50% erhöht.

An Borkarbid–Einkristallen zeigten Untersuchungen der kristallinen Ordnung mittels Elektronenstreuung[3] auf, daß die kristalline Ordnung der schweren Elemente R und Ni durch eine Langzeit–Hochtemperaturglühung (ca. 1000 °C) wesentlich verbessert werden kann [Sou05, MSFD08]. Allerdings verlieren die leichten Elemente Bor und Kohlenstoff einen Teil ihrer Ordnung durch Platzwechsel innerhalb der Elementarzelle. Eine zweite, kürzere Glühung bei niedrigeren Temperaturen (ca. 500 °C) regt vorzugsweise deren Diffusion an,

3 T. Leisegang et al., publiziert in: [MSFD08] Fig. 12, S. 207.

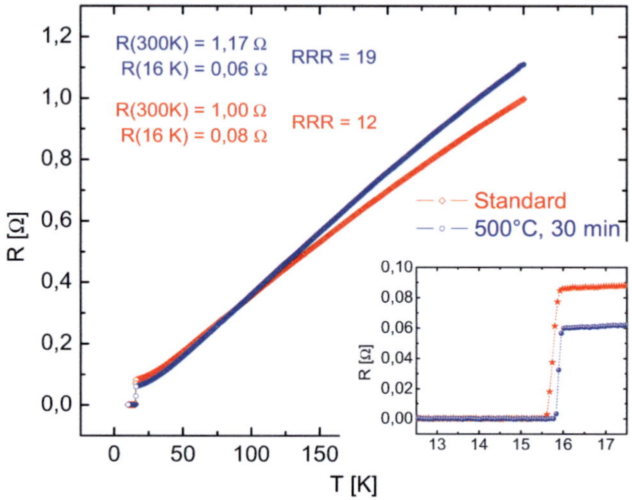

Abb. 5.7: R(T)-Kurve einer Standardschicht und einer in–situ–getemperten Schicht unter gleichen Bedingungen und mit gleichen Parametern (Dicke, Rate etc.). Der Abkühlvorgang wurde bei 500 °C für 30 Minuten unterbrochen. Der Raumtemperaturwiderstand steigt leicht an, wohingegen der Restwiderstand bei T_c erheblich verringert wird. Das Restwiderstandsverhältnis von 19 liegt um ca. 25% über dem höchsten bisher berichteten Wert für alle supraleitenden Borkarbid–Dünnschichten.

ohne die erreichte Ordnung der R– und Ni–Atome wesentlich zu beeinträchtigen. Auf diese Weise kann der spezifische Restwiderstand erheblich gesenkt und so das Restwiderstandsverhältnis gesteigert werden [MSFD08]. Bei den hier untersuchten, vergleichsweise dünnen $LuNi_2B_2C$–Schichten funktioniert eine solche ex–situ–Glühung allerdings nicht, da durch Oxidation der Schichtoberfläche der Sauerstoff anschließend von beiden Grenzflächen aus in die Borkarbidschicht diffundiert. So nahm beispielsweise das Restwiderstandsverhältnis einer für je 30 Minuten bei 700 °C nachgeglühten Schicht erst von 6 auf 8 zu und anschließend auf 4 ab. Die Beantwortung der Frage, ob eine in–situ–Nachglühung bei niedrigerer Temperatur auch bei Dünnschichten einen positiven Effekt auf den Restwiderstand hat, setzt eine hinreichende statistische Konstanz der ohne solche Nachglühung erreichbaren Eigenschaften voraus, die in Abb. 5.3 demonstriert wurde. Innerhalb einer Beschichtungsserie von vier Schichten wurde daher zunächst eine „Standard–Schicht“ auf MgO(110) hergestellt und analysiert. Eine weitere Schicht wurde auf MgO(110) unter gleichen Bedingungen und mit gleichen Parametern (Dicke, Rate etc.) hergestellt und während des Abkühlvorgangs für 30 Minuten bei 500 °C im UHV temperaturbehandelt („getempert“), bevor der Abkühlvorgang fortgesetzt wurde. Die beiden R(T)–Kurven der Schichten sind in Abb. 5.7 dargestellt.

Der Vergleich zeigt einen leicht erhöhten Raumtemperaturwiderstand für die nachgetemperte Schicht, der allerdings auch durch eine leichte Dickenvariation mitverursacht sein kann (die Dicke wurde hier nur mit AFM–Stufenkantenmessungen abgeschätzt). Hingegen sinkt der Restwiderstand erheblich ab. Im Gegensatz zu korngrenzenfreien Einkristallen, wo sich der Effekt in einer geringeren Phononenstreuung auswirkt, ist hier aber davon auszugehen, dass die Streuung an den Subkorngrenzen innerhalb der Schichtebene verbessert wird (eine Messung in c–Richtung ist bei diesen Dünnschichten geometriebedingt nicht möglich, da Schichten dieser Qualität nicht auf metallischen Elektroden gewachsen werden können). Zudem war dieser Effekt reproduzierbar: Mit in–situ–Nachtempern waren systematisch Restwiderstandsverhältnisse über 15 zu erzielen. Eine Verlängerung des in–situ–Nachglühens auf 60 Minuten zeigte wieder eine Verringerung des Restwiderstandsverhältnisses.

Das signifikant größere Restwiderstandsverhältnis der $LuNi_2B_2C$–Schichten, die dem in–situ–Nachtemperprozess unterzogen worden waren, sollte auch zu Veränderungen im spezifischen Widerstand $\rho(T)$ führen. Um dem Einfluss von Sauerstoffsegregation durch die längere Temperaturbehandlungsdauer entgegenzuwirken, wurde, wie erwähnt, für eine Auswahl von Schichten die Schichtdicke um 50% erhöht. Die Schicht mit den besten Eigenschaften hinsichtlich der Struktur, der kritischen Temperatur und des Restwiderstandsverhältnisses im unstrukturierten Zustand wurde dann ebenfalls mit einer Brückenstruktur der erwähnten Geometrie (Länge 800 μm, Breite 50 μm) versehen. Die Nettodicke der $LuNi_2B_2C$–Schicht kann nicht mit Stufenkantenätzung bestimmt werden und wurde daher aufgrund des Pulszahlverhältnisses aus der gemessenen Dicke der nicht nachgeglühten, oben analysierten strukturierten Schicht berechnet. Damit ergibt sich eine ungefähre Dicke der $LuNi_2B_2C$–Schicht von 200 nm (konservativ abgeschätzt, da mit zunehmender Beschichtung die Rate abnimmt). Das Verhältnis der Raumtemperaturwiderstände der strukturierten Brücken von ca. 74 Ω für die ca. 100 nm dicke, nicht nachgetemperte Schicht zu ca. 38 Ω für die dickere, nachgeglühte Schicht spiegelt diese Zunahme in etwa wider.

Die Anpassung analog zu oben ergibt einen spezifischen Restwiderstand von ca. 1,81 $\mu\Omega$cm – was ungefähr die Hälfte des bisher niedrigsten Wertes für eine $HoNi_2B_2C$–Dünnschicht darstellt [Wim04], wenn die Abschätzung der Schichtdicke korrekt ist. Daraus resultiert ein spezifisches Restwiderstandsverhältnis von über 20 (Abb. 5.8 *oben*), was schon in der Nähe des höchsten Wertes für $LuNi_2B_2C$–Einkristalle liegt (27 [SDF+98]). Der Temperaturverlauf des um den spezifischen Restwiderstand reduzierten spezifischen Widerstandes lässt sich unterhalb von 50 K sehr gut durch ein Potenzgesetz beschreiben, wie es auch bei sehr guten Einkristallen der Fall ist (z. B. YNi_2B_2C [SGK+08]).

Die temperaturbehandelte, strukturierte Schicht besticht somit durch eine herausragende kristalline Reinheit. Es soll noch einmal daran erinnert werden, daß die in früheren Arbeiten untersuchten supraleitenden (und nur partiell in–plane–geordneten) Borkarbid–Dünnschichten bei einem Restwiderstandsverhältnis von ca. 4 ($ErNi_2B_2C$ auf Al_2O_3 [AAI+99]) bis 15 ($HoNi_2B_2C$ auf MgO(100) [W04]) und für $LuNi_2B_2C$–Dünnschichten nur bei maximal 13 liegen.

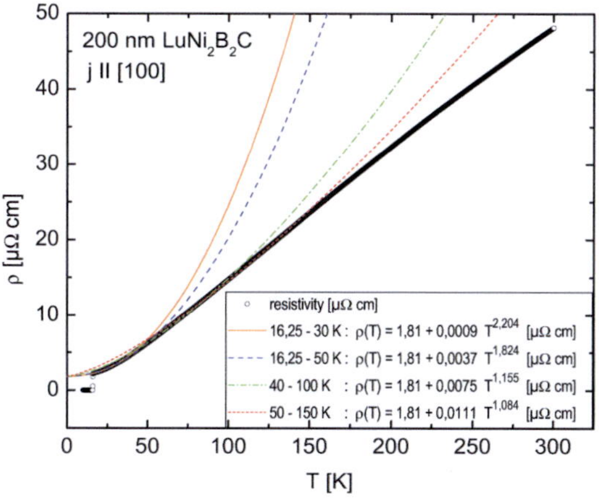

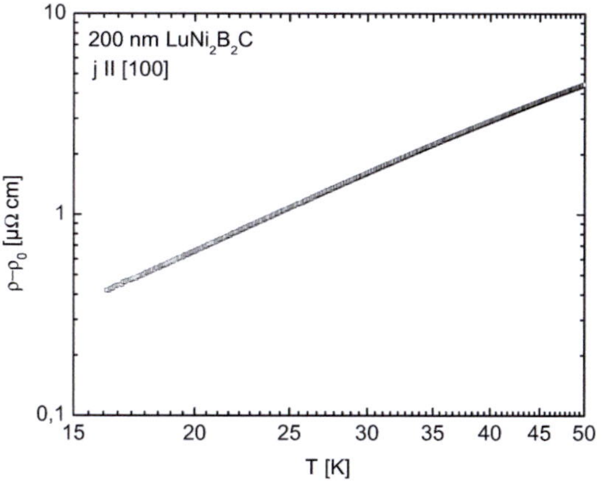

Abb. 5.8: *(oben)* Anpassungen an den Verlauf des spezifischen Widerstandes ρ(T) einer strukturierten, in–situ–temperaturbehandelten $LuNi_2B_2C$–Dünnschicht. Der spezifische Restwiderstand ρ_0 wurde durch potenzgesetzartige Anpassung zwischen 16,25 und 30 K ermittelt und für die anderen, in der Legende bezeichneten Anpassungsbereiche fixiert. Das so ermittelte Restwiderstandsverhältnis liegt bei über 20. *(unten)* Doppeltlogarithmischer Verlauf des um ρ_0 reduzierten spezifischen Widerstandes im unteren Temperaturbereich.

6 Anisotropie des oberen kritischen Feldes biaxial texturierter $LuNi_2B_2C$–Dünnschichten

In diesem Kapitel werden Messungen des oberen kritischen Feldes für Feldrichtungen entlang der drei kristallographischen Hauptachsen vorgestellt. Dazu wurden biaxial texturierte $LuNi_2B_2C$–Dünnschichten lithographisch strukturiert. Die ermittelten Temperatur– und Winkelabhängigkeiten werden mit Einkristalldaten verglichen. Dies stellt zugleich die erste quantitative Auswertung des oberen kritischen Feldes an SE–Ni–Borkarbid–Dünnschichten dar.

6.1 Messverfahren

Die im vorigen Kapitel untersuchten, lithographisch strukturierten Proben auf MgO(110) eignen sich aufgrund ihrer perfekten biaxialen Textur besonders gut für die Bestimmung anisotroper Eigenschaften. Die biaxiale Textur ist im besten Fall mit $\Delta\phi \approx 1\,°$ und $\Delta\psi \approx 2{,}5\,°$ besonders scharf. Die Messungen wurden folgendermaßen vorgenommen:

- Die Proben wurden mit den gleichen Strom- und Spannungsparametern vermessen wie in den R(T)-Messungen (s. Kap. 5), also $I = 100\ \mu$A für die Brückenstrukturen und $I = 1$ mA für unstrukturierte Proben.
- Bei Messungen bei einer konstanten Feldrichtung war es unerheblich, ob eine Nullfeld- oder eine Feldkühlung vorgenommen wurde. Daher wurden die Proben mit kleinstem Feld anfangend zu größeren Feldern hin vermessen.

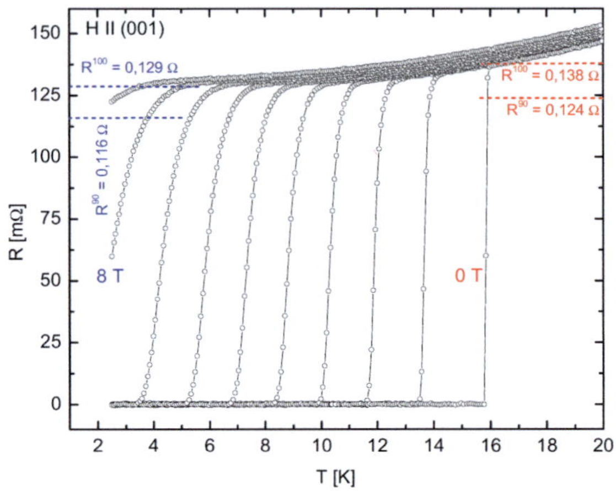

Abb. 6.1: Auswertungskriterien resistiver Übergangskurven bei $H = 0, 1, \ldots, 9$ T. Es wurde für alle folgenden Messungen für jede Kurve der auf der Kurve liegende Wert $T_c^{90} \equiv T(R^{90};H)$ bestimmt.

- Für jede Messung wurde erst das äußere Feld H eingestellt (angefangen bei $H = 0$) und mit aufsteigender Temperatur eine R(T)-Kurve aufgenommen. Dabei wurde die jeweilige Anfangstemperatur einige Kelvin unter dem erwarteten Übergang angesetzt und eine zusätzliche Zeitspanne von 5 Minuten zur Temperaturstabilisierung eingestellt.

- Die R(T)-Kurven wurden dann mit 1 K/min, bzw. bei den strukturierten Proben mit 0,5 K/min (9 T–Magnet) bzw. 0,3 K/min (14 T–Magnet) vermessen.

Für die Auswertung des Temperaturwertes $T(H)$ zum angelegten Feld H wurden verschiedene Methoden auf ihre Genauigkeit überprüft, darunter die Abnahme des Restwiderstandes oberhalb des Übergangs auf 50 %, die Bestimmung des Wendepunktes anhand der zweiten Ableitung der Übergangskurve und die Festlegung von $T(H)$ bei 90 % des normalleitenden Restwiderstandes oberhalb des Temperaturübergangs. Hier wurde für jede Übergangskurve

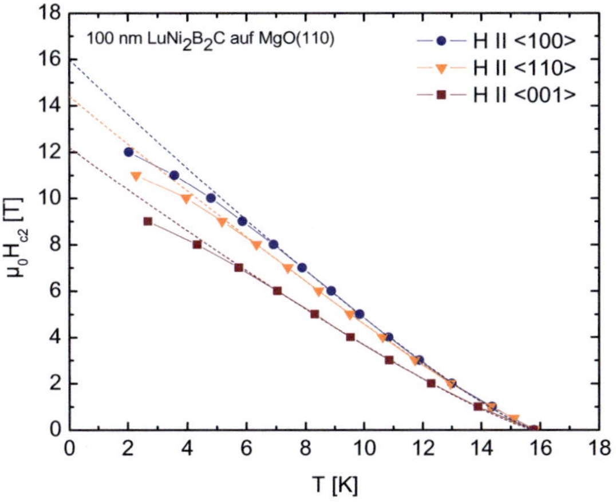

Abb. 6.2: Temperaturverlauf des resistiv gemessenen oberen kritischen Feldes nach Auswertungskriterium T_c^{90} entlang der drei Hauptachsen. Ergänzend ist je Messung ein Fit eines Potenzgesetzes aufgeführt, mit dem im Temperaturintervall [6 K; T_c] die Krümmungsparameter ermittelt wurden.

das 90 %–Kriterium verwendet (Abb. 6.1), da sich so auch unvollständige Übergänge (limitiert durch T_{min} = 2 K) noch teilweise auswerten ließen[1].

6.2 Temperaturabhängigkeit

Die Temperaturabhängigkeit von H_{c2} wurde in zwei verschiedenen Quantum Design PPMS–Anlagen mit unterschiedlicher Hardware gemessen (9 T und 14 T). Beide Geräte erbrachten fast identische Werte, so dass die ermittelten Werte geräteunabhängig analysiert werden konnten. Abb. 6.2 zeigt die Verläufe des oberen kritischen Feldes entlang der drei Hauptachsen der $LuNi_2B_2C$–Dünnschicht, also entlang der [100]–, [110]– und [001]–Achse. An

1 In anderen Arbeiten werden, auch aufgrund der unterschiedlichen Messmethoden, unterschiedliche Kriterien verwendet. Bei Suszeptibilitätsmessungen $\chi(H)$ wird häufig das 90 %–Kriterium verwendet. KRUG und SHULGA ET AL. verwendeten für resistive Messungen den 50 %–Wert des supraleitenden Übergangs [SDF+98].

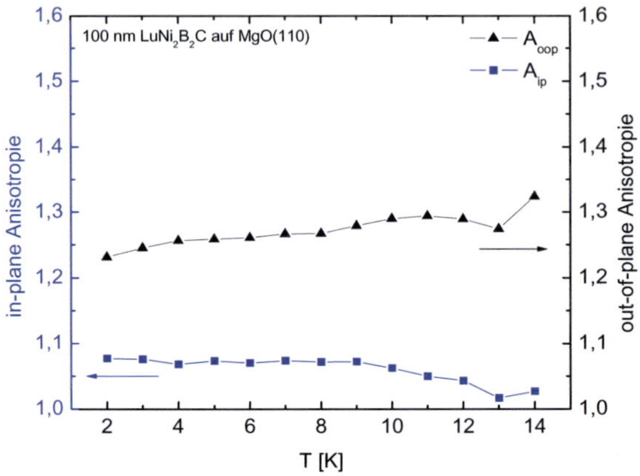

Abb. 6.3: Temperaturverlauf der Anisotropiefunktionen $A_{ip} = H^{[100]}/H^{[110]}$ und $A_{oop} = \frac{1}{2}H^{[001]}/\left(H^{[100]} + H^{[110]}\right)$, die aus interpolierten Daten aus Abb. 6.2 errechnet wurden. Die Daten für 15 K sind aufgrund des großen relativen Fehlers nicht aufgeführt. Die mittlere in–plane–Anisotropie A_{ip} beträgt ca. 1,05–1,07 (entsprechend 5–7%) und die mittlere out–of–plane–Anisotropie A_{oop} ca. 23–28%. Beide Anisotropiefunktionen sind nur schwach temperaturabhängig.

jede Messung ist ein Potenzgesetz–Verlauf angepasst, mit dem zwischen 6 K und T_c die Krümmungsparameter nahe T_c sowie die extrapolierten Werte H_{c2} (0) ermittelt wurden. Die Werte sind in Tab. 6.1 den Werten von Einkristallmessungen früherer Arbeiten gegenübergestellt.

Die Messungen zeigen zwei wesentliche Ergebnisse:

- Die Werte für $H_{c2}(0)$ sind circa doppelt so groß wie die ersten, von Metlushko et al. berichteten Werte von fluss–gezogenen Einkristallen [MWK+97]. Eine genauere Analyse auch im Vergleich mit anderen Kristallen aus früheren Arbeiten folgt weiter unten.

- Im Gegensatz zur erwähnten Analyse zeigt die hier analysierte Probe eine wesentlich größere out–of–plane–Anisotropie als in der Basalebene.

Aus den Messungen lassen sich die schon in [MWK+97] angegebenen Anisotropiefunktionen $A_{ip}(T)$ (in–plane) und $A_{oop}(T)$ (out–of–plane) berechnen:

$$A_{ip} = \frac{H^{[100]}}{H^{[110]}} \tag{6.1}$$

$$A_{oop} = \frac{1}{2} \cdot \frac{H^{[001]}}{H^{[100]} + H^{[110]}} \tag{6.2}$$

Die aus den Messungen berechnete in–plane–Anisotropie liegt bei ca. 1,05–1,07 (entsprechend 5–7 %), während die out–of–plane–Anisotropie ca. 23–28 % beträgt (Abb. 6.3).

6.3 Winkelabhängigkeit bei fester Temperatur

Für die Beschreibung der in–plane–Anisotropie von Einkristallen hat sich das Modell einer nicht–lokalen Ginzburg–Landau–Erweiterung [MWK+97, WM98] bisher als geeignet erwiesen [Kru00].

$$H_{c2}(\phi;T) = \frac{1}{2} \cdot \left(H^{[100]} + H^{[110]}\right) \cdot \left[1 + \Gamma(T)\cos(4\phi)\right] \tag{6.3}$$

$$\text{mit} \quad \Gamma(T) = \frac{H^{[100]} - H^{[110]}}{H^{[100]} + H^{[110]}}. \tag{6.4}$$

ϕ bezeichnet den Winkel zwischen Magnetfeldachse und der [100]–Richtung und $\Gamma(T)$ die differentielle Anisotropie in der Basalebene [Kru00]. Eine weitere Aussage dieser Beschreibung ist, dass die relative Anisotropie innerhalb der Basalebene $A_{ip} = \left(H^{[100]}/H^{[110]}\right)(T)$ temperaturunabhängig ist, was durch die aus den Messungen ermittelten Daten in Abb. 6.3 im wesentlichen bestätigt werden kann.

Obige Parametrisierung (Gl. (6.4)) der Winkelabhängigkeit $H_{c2}(\phi;T)$ wurde mit Einkristalldaten von Metlushko et al. [MWK+97] und Krug [Kru00] bei 6 K verglichen (Abb. 6.4). Hierzu wurden R(H)-Kurven aufgenommen. Die Parametrisierung (Gl. 6.4) kann hier für 6 K mit den Parametern

$$\begin{aligned} H^{(100)} &= 8,8\ T, \\ H^{(110)} &= 8,3\ T \ \text{ und} \\ \Gamma(6K) &= 0,029 \end{aligned} \tag{6.5}$$

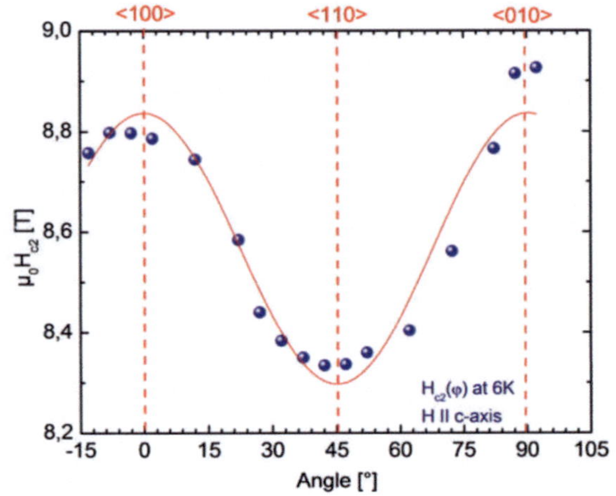

Abb. 6.4: Winkelabhängigkeit des oberen kritischen Feldes innerhalb der Basalebene, gemessen anhand von R(H)-Kurven bei 6 K und dem Auswertungskriterium H_c^{90}. Der Unterschied zwischen den Richtungen [100] und [010] ist durch den Einfluss der Lorentzkraft auf den Messstrom gegeben und wurde für die Parametrisierung durch Mitteln eliminiert. Die ermittelte Parametrisierung (rot) lautet: $H_{c2}(\phi;T) = {}^1/_2\left(H^{[100]} + H^{[110]}\right) \cdot \left[1 + \Gamma(T)\cos(4\phi)\right]$ mit $H^{[100]} = 8{,}8$ T, $H^{[110]} = 8{,}3$ T und $\Gamma(6\text{ K}) = 0{,}029$.

gut angepasst werden. Dabei liegen die Werte für die kritischen Felder, wie schon erwähnt, auf erheblich höherem Niveau als die Werte von METLUSHKO ET AL. [MWK+97]. Allerdings wurden von SCHMIEDESHOFF ET AL. [SDB+01] ebenfalls höhere Werte für einen Einkristall angegeben. Der in–plane–Anisotropieparameter $\Gamma(6\text{ K}) = 0{,}029$ hingegen entspricht sehr gut den Werten von KRUG [Kru00], die an einem hochwertigen $LuNi_2B_2C$–Einkristall ermittelt wurden und für Temperaturen zwischen 0,4 und 4,2 K bei 0,033 bis 0,028 liegen.

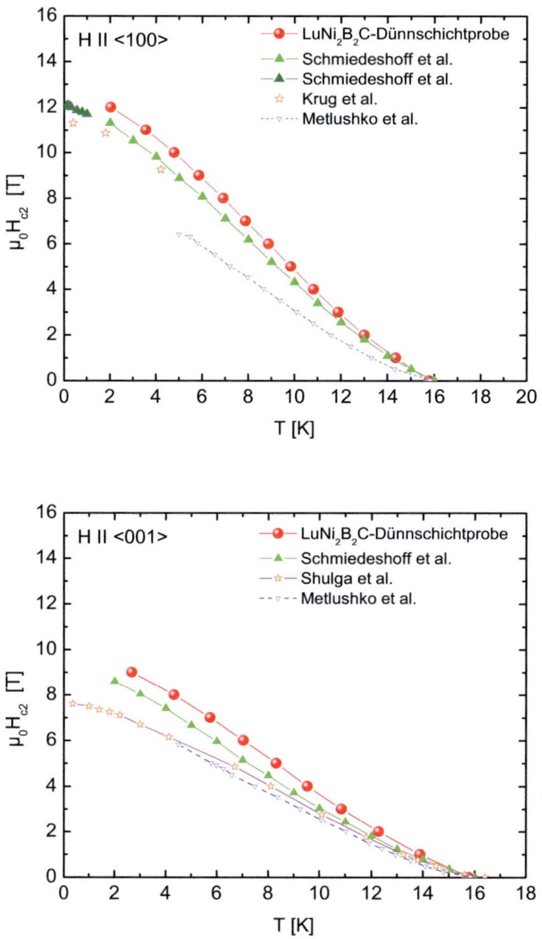

Abb. 6.5: Vergleiche der an der nicht nachbehandelten Dünnschichtprobe ermittelten Verläufe von H_{c2} (T) in [100]– und [001]–Richtung mit Literaturdaten von Einkristallmessungen. Die Werte für [100] liegen recht nah beieinander, während die Werte in [001]–Richtung stärker voneinander differieren. Die Messungen von SHULGA ET AL. [SDF+98] und KRUG [Kru00] wurden an ein und demselben Einkristall durchgeführt.

Tab. 6.1: Vergleich der extrapolierten Werte der oberen kritischen Felder $H^{(hkl)}$ und der Krümmungsparameter $\alpha^{(hkl)}$ der exemplarisch untersuchten Dünnschichten mit den verfügbaren Daten früherer Arbeiten. Hinzugefügt sind die nach derselben Methode ausgewertenen Daten von WIMBUSH ET AL. [WSH04].

	$LuNi_2B_2C$–Einkristalle			$LuNi_2B_2C$–Dünnschichten		YNi_2B_2C–Schicht
$H_{c2}(T \to 0)$ [T]	[MWK+97]	[SDF+98]	[SDB+01]	Standard	Getempert	[WSH04]
$H^{(100)}$	11,3	9,3 (4,2 K)	14,7	16,0	16,3	13,0
α	0,32	[Kru00]	0,25	0,19	0,27	0,22
$H^{(110)}$	11,1	8,8 (4,2 K)		14,4	14,5	12,1
α	0,31	[Kru00]		0,15	0,27	0,19
$H^{(001)}$	10,7	10,2	10,8	12,2	10,2	10,2
α	0,33	0,40	0,29	0,20	0,25	0,25

6.4 Vergleich mit Einkristallen

Die hier ermittelten Werte für den Temperaturverlauf des oberen kritischen Feldes für Feldrichtungen entlang der drei Hauptachsen, sowie die Messung der Winkelabhängigkeit des oberen kritischen Feldes in der Basalebene stellen die ersten quantitativen Auswertungen des oberen kritischen Feldes H_{c2} von Borkarbid–Dünnschichten dar. Gleichzeitig sind es die ersten Messungen an vollständig biaxial texturierten Borkarbid-Dünnschichten. Für partiell texturierte YNi_2B_2C–Dünnschichten liegen ebenfalls Messungen von H_{c2} vor [Wim04], die sich nach derselben Methode auswerten lassen. $LuNi_2B_2C$–Einkristalle sind schon mehrfach vermessen worden. In Tab. 6.1 sind die Werte von parametrisierten Messungen aus verschiedenen Arbeiten zusammengefasst.

Im Vergleich zu den verschiedenen Einkristallen ([MWK+97, SDB+01]) liegen die kritischen Felder der nicht nachbehandelten Dünnschichtprobe in [100]–Richtung zwischen ca. 9% und 40% höher, was auf einen weniger ausgeprägten „clean limit"–Zustand hindeutet (s. Abschnitt 1.4.2). In [001]–Richtung liegen die Werte der Dünnschichtprobe nur ca. 13–14% höher (Abb. 6.5).

Vergleich mit Messungen an anderen SE–Ni–Borkarbid–Dünnschichten

Die bislang publizierten Messungen des oberen kritischen Feldes von YNi_2B_2C–Dünnschichten [WSH04] sind bisher nicht parametrisiert worden; dies ist jedoch auf Basis der veröffentlichten Originaldaten problemlos möglich. Die Werte für $T \to 0$ liegen hier bei 10 T für die c–Richtung und 13 T für die a– bzw. b–Richtung (die Werte sind ebenfalls in Tab. 6.1 angegeben). Von Einkristallen ist beispielsweise ein Wert von $H_{c2}(0) \approx 10{,}5$ T für YNi_2B_2C bekannt ([SDF+98]), welcher mit dem Wert der YNi_2B_2C–Dünnschicht sehr gut übereinstimmt. Die entsprechende Verläufe der Anisotropiefunktionen für YNi_2B_2C und $HoNi_2B_2C$ sind von WIMBUSH veröffentlicht worden[2]. Für YNi_2B_2C wurde eine mittlere in–plane–Anisotropie von 5% und eine mittlere out–of–plane–Anisotropie von etwas über 30% nahe T_c, abnehmend auf ca.

2 [Wim04] Abbildungen 4.7 und 4.8

15% bei 2 K, ermittelt [Wim04].

6.5 Einfluss der in–situ–Temperaturbehandlung auf das obere kritische Feld

Die nachträgliche in–situ–Temperaturbehandlung der perfekt epitaktischen $LuNi_2B_2C$–Dünnschichten bewirkt eine kleine Zunahme der kritischen Temperatur und eine deutliche Abnahme des spezifischen Restwiderstandes. Da das obere kritische Feld sehr empfindlich auf Veränderungen der kristallinen Ordnung reagiert, sind hier größere Abweichungen zu erwarten. Abb. 6.6 zeigt den Vergleich der getemperten Probe im Vergleich zur Standardprobe. Es zeigen sich je nach Temperaturbereich und Feldrichtung unterschiedliche Auswirkungen:

- In [100]–Richtung steigt das obere kritische Feld der getemperten Probe bei niedrigen Temperaturen stärker an. Das extrapolierte Feld beträgt $\mathrm{H}_{c2}^{[100]}(0) = 16{,}3$ T.
- In [110]–Richtung sinkt das kritische Feld im oberen Temperaturbereich leicht ab, während es für niedrigere Temperaturen keine Änderung gibt.
- In [001]–Richtung sinkt H_{c2} im gesamten betrachteten Temperaturbereich um ca. 20% ab. Dies weist deutlich auf einen verbesserten „clean limit"–Zustand der Probe hin. Insbesondere beträgt $\mathrm{H}_{c2}^{[001]}(0)$ ca. 10,2 T und liegt damit etwa bei den Werten von Metlushko et al. [MWK+97].

Abschließend lässt sich feststellen, dass die in–situ–Temperaturbehandlung bereits perfekt texturierter und mit sehr guten supraleitenden Eigenschaften versehener $LuNi_2B_2C$–Schichten eine deutliche Verbesserung des „clean limit"–Zustandes bringt. Die extrapolierten Werte von H_{c2} für $T \to 0$ liegen für $H \parallel [001]$ auf dem Niveau sehr guter Einkristalle. In ab–Richtung sinkt das kritische Feld durch die Temperaturbehandlung allerdings nicht wesentlich ab. Inwieweit auch dafür eine eventuelle Streuung des Messstroms an Subkorngrenzen verantwortlich ist, kann hier nicht geklärt werden.

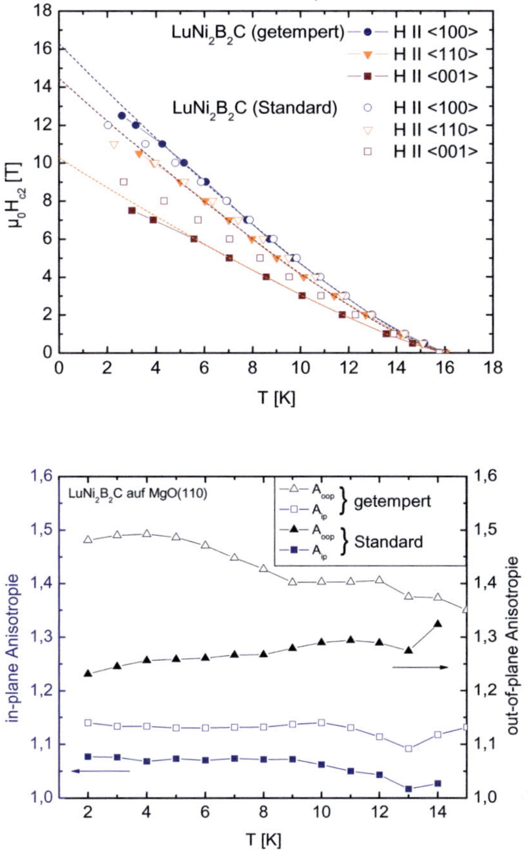

Abb. 6.6: *(oben)* Oberes kritisches Feld einer hochtexturierten, in–situ–getemperten $LuNi_2B_2C$–Dünnschicht im Vergleich zur nicht nachbehandelten Probe. Die in–plane–Anisotropie bleibt weitgehend konstant, wohingegen durch die starke Abnahme des oberen kritischen Feldes in [001]–Richtung die out–of–plane–Anisotropie stark ansteigt. *(unten)* Anisotropiefunktionen A_{ip} und A_{oop} der temperaturbehandelten Probe im Vergleich zur nicht nachträglich behandelten Probe. Die out–of–plane–Anisotropie beträgt ca. 40%; ein hoher Wert, wie er in ähnlicher Größenordnung nur von KRUG für einen hochreinen, flussgezogenen $LuNi_2B_2C$–Einkristall gemessen wurde ([Kru00]).

7 Epitaktische $Ho_xLu_{1-x}Ni_2B_2C$–Mischserie

In diesem Kapitel wird eine epitaktische $Ho_xLu_{1\text{-}x}Ni_2B_2C$–Mischserie vorgestellt. Um zu überprüfen, ob sich von polykristallinen Proben bekannte Skaleneffekte auch darin nachweisen lassen, wurde mit $Ho_xLu_{1\text{-}x}Ni_2B_2C$ ein System gewählt, dessen interessante Eigenschaften aus früheren Arbeiten bekannt sind, das bisher aber nicht als einkristalline Mischserie hergestellt werden konnte. Durch sukzessive Veränderungen der Beschichtungsbedingungen kann nun epitaktisches Wachstum in den Dünnschichten auch für $HoNi_2B_2C$–dominierte Mischphasen erzielt werden, allerdings lässt sich die Textur nicht mehr so scharf einstellen wie für $LuNi_2B_2C$. Der Verlauf der kritischen Temperaturen stimmt gut mit bekannten Daten polykristalliner Proben überein.

Seltenerd-Nickel-Borkarbide zeigen eine Vielzahl interessanter Skaleneffekte, welche durch Substitution auf dem Seltenerd– oder Übergangsmetallplatz zugänglich werden. Der Übergang vom „clean Limit“ zum „quasi dirty limit“ durch Einbringen isostruktureller Platin-Streuzentren auf dem Nickel-Platz nichtmagnetischer Borkarbide wurde schon erwähnt. Insbesondere die Vermischung nichtmagnetischer mit magnetischen Borkarbiden führt zu interessanten Effekten. So zeigt beispielsweise die Mischserie $Ho_xLu_{1\text{-}x}Ni_2B_2C$ keine durchgängig lineare Abhängigkeit der kritischen Temperatur von x; vielmehr sinkt die kritische Temperatur bis zu $x \approx 0{,}7$ linear ab und verharrt dann nahe bei der kritischen Temperatur von $HoNi_2B_2C$ (s. Abb. 7.1 [FFN+98]). Dieser Effekt wird durch die vergleichsweise starke magnetische Paarbrechung in $Ho_xLu_{1\text{-}x}Ni_2B_2C$ hervorgerufen, welche für $x \geq 0{,}7$ zur Ausbildung inkommensurabler antiferromagnetischer Strukturen und „*reentrant*“–Verhalten führt [FFN+98]. Thermodynamische Untersuchungen zu $Ho_xLu_{1\text{-}x}Ni_2B_2C$ ergaben,

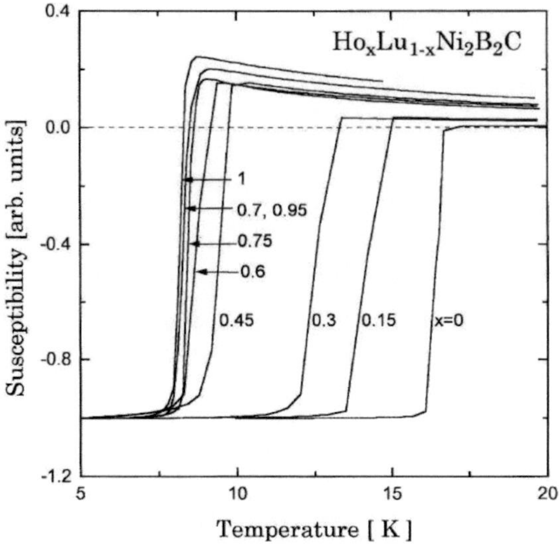

Abb. 7.1: Temperaturabhängigkeit der AC Suszeptibilität polykristalliner $Ho_xLu_{1-x}Ni_2B_2C$–Proben für verschiedene Holmium–Konzentrationen x (aus [FFN+98]).

dass die charakteristische Phononfrequenz von $HoNi_2B_2C$ unter bestimmten Annahmen mit der von $LuNi_2B_2C$ vergleichbar ist [W07]. Allerdings ist die Herstellung polykristalliner $Ho_xLu_{1-x}Ni_2B_2C$–Proben schwieriger als für $Ho_xY_{1-x}Ni_2B_2C$, welches daher häufiger für Vergleichsmessungen eingesetzt wurde. Des weiteren ist die Präparation einkristalliner Mischserien von $LuNi_2B_2C$ und $HoNi_2B_2C$ aufgrund der Unterschiede im Phasendiagramm bisher nicht gelungen. An dieser Stelle ergibt sich eine natürliche Motivation, die erarbeiteten stabilen Abscheidungsbedingungen für epitaktische, biaxial texturierte $LuNi_2B_2C$–Dünnschichten mittels eines zweiten Targets für $HoNi_2B_2C$ zur Herstellung von supraleitenden Borkarbid–Mischschichten zu nutzen. So können die Ergebnisse gleichzeitig mit denen von $HoNi_2B_2C$–Dünschichten, die mit Hochratendeposition erzielt wurden [H00, Wim04], verglichen werden. Die Herstellung der Mischschichten erfolgt durch alternierenden Beschuss zweier stöchiometrischer Targets. Das Pulsverhältnis legt das Mischungsverhältnis x fest. Eine solche alternierende Deposition ist für Borkarbidschichten bisher nicht versucht worden.

Dabei ergeben sich mehrere Fragestellungen zur Herstellung:

- Welche Abscheidebedingungen (Temperatur, Rate,...) sind für die zweite Randphase $HoNi_2B_2C$ erforderlich? Gegenüber früheren Arbeiten zu $HoNi_2B_2C$–Dünnschichten (hohe Rate, MgO(100) [H00,W04]) liegen nun wesentlich verschiedene Abscheidungsbedingungen vor (niedrige Rate, MgO(110)).
- Kann die Textur der Oxidgrenzschicht erhalten werden, falls sich eine Mischschicht aus beiden Seltenerd–Oxiden ausbildet?
- Welchen Einfluss hat die technisch bedingte Targetwechselpause von ca. 1 Sekunde, während derer kein Material auf das Substrat trifft?
- Zeigen solcherart hergestellte Mischschichten eine „solid solution“ wie polykristalline Proben [FFN+98], oder bilden sich separate Bereiche beider Phasen aus?

Zuletzt steht die Frage im Raum, ob sich die bekannten Eigenschaften polykristalliner $Ho_xLu_{1-x}Ni_2B_2C$–Proben [FFN+98] auch in der Dünnschichtserie finden lassen, und welche zusätzlichen Informationen durch eine mögliche Textur der Schichten gewonnen werden können.

7.1 Herstellung

Eine Besonderheit der gepulsten Laserdeposition ist, dass sie sich besonders gut zur Herstellung von komplexen Verbindungen aus mehreren Materialien eignet. Chemische Reaktionen zu Teilprodukten oder dem Endprodukt finden dabei in der Regel in reaktiver Atmosphäre oder während des Wachstums auf der Substratoberfläche statt. Im vorliegenden Fall der supraleitenden Borkarbid–Dünnschichten wird unter Vakuumbedingungen, also mit nicht–reaktiver Atmosphäre gearbeitet. Die chemischen Reaktionen, die zur Bildung der supraleitenden $R\mathrm{Ni_2B_2C}$–Phase führen, finden also weitgehend auf der wachsenden Oberfläche statt.

Für die Herstellung einer bestimmten Phase können statt eines stöchiometrischen Targets auch mehrere Targets von Elementen oder Unterverbindungen gewählt werden. Dieser Ansatz wurde in der Vergangenheit beispielsweise zur Herstellung von Dünnschichten aus komplexen oder metastabilen magnetischen Phasen eingesetzt. Für supraleitende Borkarbid–Dünnschichten hat sich der Ansatz mit vier Elementtargets jedoch als zu komplex erwiesen, da sich die Zielstöchiometrie nicht zuverlässig mit der benötigten Genauigkeit einstellen lässt.

Daher wurde die Mischserie unter Verwendung zweier stöchiometrischer Targets abgeschieden. Durch die partielle Substitution einer Seltenen Erde durch eine zweite (bzw. analog für den Übergangsmetallplatz) entsteht eine pseudostöchiometrische Verbindung, die man sich aus den beiden stöchiometrischen Seltenerd-Nickel-Borkarbiden zusammengesetzt vorstellen kann. Die räumliche Verteilung beider Verbindungen auf dem Substrat hängt dabei in erster Näherung von der Beweglichkeit der Adatome und der Dicke der abgeschiedenen alternierenden Lagen ab. Man erwartet eine hinreichende Durchmischung, wenn beide Materialien zusammen jeweils eine Monolage bilden. Bei höheren Temperaturen oder hoher Energie der Plasmakeule kann die Diffusion parallel zur Wachstumsrichtung ansteigen, so dass Durchmischung auch bei einer größeren Teillagendicke gegeben ist.

$HoNi_2B_2C$–Target und Dünnschichtpräparation

Das $HoNi_2B_2C$–Target wurde in Zusammenarbeit mit A. Köhler in gleicher Weise wie das $LuNi_2B_2C$–Target hergestellt. Die Verwendung in der PLD–Anlage unter den Optimalbedingungen zeigte, dass die Depositionsrate nur ca. 70% des Vergleichswertes des $LuNi_2B_2C$–Targets betrug. Auch die Abnahme der Depositionsrate mit steigender Targetrauhigkeit zeigt einen schwächeren Verlauf. Aus technischen Gründen wurde für beide Targets dieselbe Laserenergiedichte gewählt, woraus sich verschiedene Abscheideraten ergeben. Die Pulsfrequenz wurde bei 5 Hz belassen. Eine Monolage $LuNi_2B_2C$ in c–Achsentextur besitzt eine Höhe von ca. 1,05 nm und entsteht unter Optimalbedingungen aus ca. 50 Laserpulsen. Bei einer Mischung einer Monolage aus beiden Borkarbiden wird die geringere Ablationsmenge pro Puls des $HoNi_2B_2C$–Targets durch eine im Verhältnis erhöhte Pulszahl ausgeglichen. Eine $Ho_{0.2}Lu_{0.8}Ni_2B_2C$–Schicht kann dann beispielsweise durch die Pulszahlen

$$(LuNi_2B_2C \times 40 \ / \ HoNi_2B_2C \times 12) \times 200$$

abgeschieden werden. Auf diese Weise werden die jeweiligen Monolagen übereinandergestapelt. Man erwartet daher eine statistisch verteilte substitutionelle Mischung der Borkarbide in der Schicht.

Die Mischserie wurde bei der Randphase $LuNi_2B_2C$ begonnen und anschließend für steigende Anteile von Holmium fortgesetzt. Dabei wurde in 20 %-Schritten für x verfahren. Die Serie teilt sich technisch in mehrere Teilserien mit den üblichen Wartungsunterbrechungen auf. Mit steigendem Holmium–Anteil mussten die Beschichtungsbedingungen sukzessive und empirisch modifiziert werden, um der geänderten Phasen– und Texturbildung zu genügen. Dies wurde vor allem mit Polfigurmessungen der in–plane–Textur kontrolliert.

Insgesamt konnten aus den Versuchen sechs Proben ausgewählt werden, die die Substitutionsreihe gleichmäßig abdecken und eine genügend stabile Struktur und Textur aufweisen (Abb. 7.2). Diese werden im folgenden als Mischserie zusammengefasst.

7.2 Strukturelle Untersuchungen

Die strukturelle Untersuchung einer Probenserie für wachsende Holmium–Substitution x mittels Röntgenbeugung zeigt die erwartete Verlagerung der (00k)–Borkarbid–Intensitätsmaxima mit zunehmender Holmium–Substitution (Abb. 7.2). Die Röntgendiffraktogramme wurden hier anhand der MgO(220)–Reflexlage der MgO-Einkristallsubstrate gegen Fehler der Einbauhöhe im Diffraktometer korrigiert. Die Ausschnittsvergrößerung in Abb. 7.3 *(links)* zeigt, wie sich der (004)–Reflex mit zunehmender Ho–Substitution x von 39,37 ° (x=0) nach 39,77 ° (x=1) verlagert. Für x = 0,8 ist eine unerwartete Abweichung von der monotonen Verlagerung zu erkennen, welche auch im aus der Peaklage extrahierten Gitterparameter sichtbar wird. Entweder handelt es sich dabei um eine deutliche Abweichung vom erwünschten chemischen

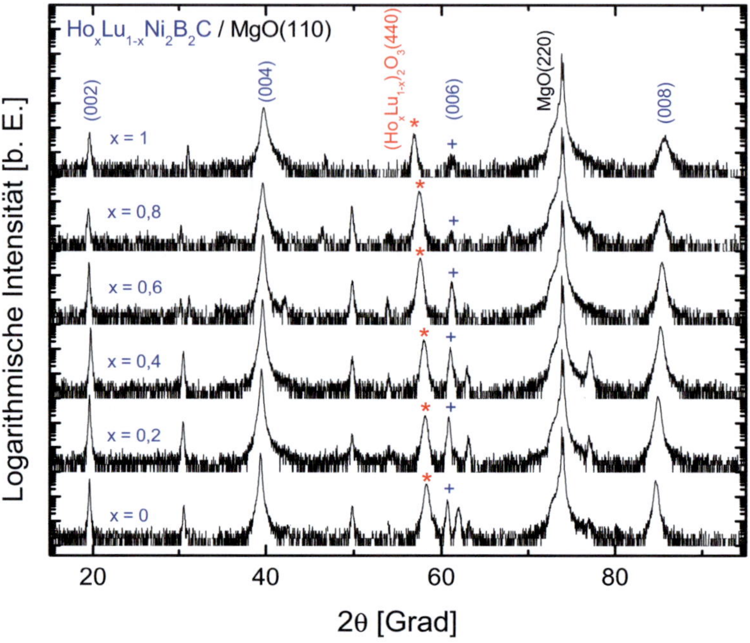

Abb. 7.2: Probenserie c-Achsen–texturierter $Ho_xLu_{1-x}Ni_2B_2C$–Dünnschichten für $x = 0$ und 1 sowie $x = 0{,}2 \ldots 0{,}8$ (abgeschätzt aus den Pulszahlenverhältnissen). Die Diffraktogramme sind mittels der MgO(220)-Reflexlage gegen Einbaufehler korrigiert worden. Die Verlagerung der (004)-Borkarbid-Intensitätsmaxima von $LuNi_2B_2C(2\theta_{Co-K\alpha} = 39{,}37°)$ zu $HoNi_2B_2C$ $(2\theta_{Co_{K\alpha}} = 39{,}77°)$ ist deutlich zu erkennen. Bei $2\theta_{Co-K\alpha} = 49{,}8\,°$ ist auch hier die in Kapitel 3 erwähnte Ni_2B–Fremdphase sichtbar, welche für $x = 1$ jedoch verschwindet. Weitere Fremdphasen wurden hier nicht analysiert.

Mischungsverhältnis, oder die veränderten Reaktionsbedingungen führen zur Modifikation der Phasenbildung.

Da die Misch–Abscheidung direkt auf MgO(110)–Einkristallen durchgeführt wurde, entsteht an der Grenzfläche eine Misch–Oxidschicht mit wachsendem Anteil von Holmium. Die Reflexlage des (440)–Reflexes dieser Misch–

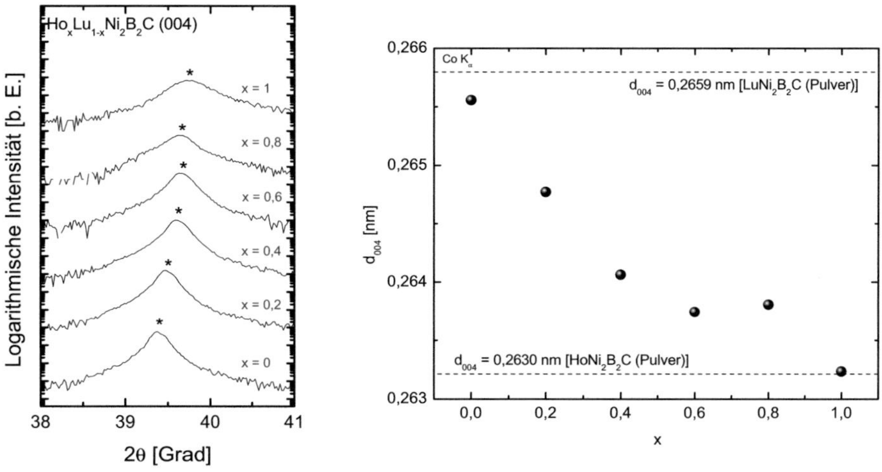

Abb. 7.3: *(links)* Ausschnittsvergrößerung der Diffraktrogramme aus Abb. 7.2. Gezeigt ist die (004)–Reflexlage der Mischserie für $x = 0 \ldots 1$. *(rechts)* C–Achsen–Gitterparameter der (004)–Ebenen. In ab–Richtung können aufgrund der perfekten c–Achsen–Textur der Schichten keine Gitterparameter aus den Diffraktogrammen ermittelt werden.

Oxidschichten zeigt ebenfalls die erwartete Verlagerung (Abb. 7.4 *(links)*). Diesmal wandert der (440)–Reflex zu niedrigeren Winkellagen, da Ho_2O_3 einen um 2,2 % größeren Gitterparameter besitzt. Im Gegensatz zur Reflexverlagerung der (004)–Borkarbidebene ist die Verlagerung hier monoton, allerdings für $x = 0{,}8$ leicht schwächer als erwartet. Es ist daher anzunehmen, dass die Phasenbildung leicht modifiziert ist, weswegen sich die Auswirkungen in entgegengesetzter Weise für Oxid–Grenzschicht und Borkarbidschicht zeigen. Bemerkenswert ist die sehr genaue Übereinstimmung der stöchiometrischen ($x = 0$ und $x = 1$) Oxid–Reflexlagen mit den Werten aus Pulverdiffraktometrie (Abb. 7.4 *(rechts)*). Dies demonstriert erstmalig, dass die gepulste Laserdeposition für die Abscheidung solcher Borkarbid–Mischschichten unter Verwendung zweier stöchiometrischer Targets erfolgreich genutzt werden kann.

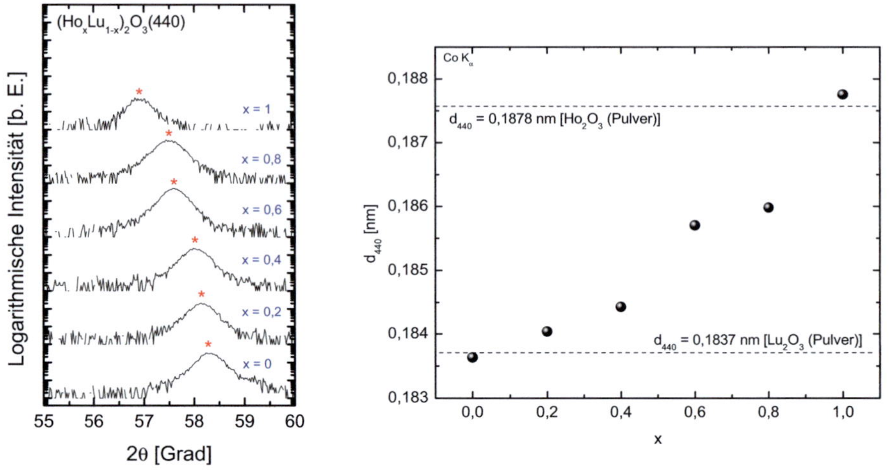

Abb. 7.4: *(links)* Ausschnittsvergrößerung der Diffraktrogramme aus Abb. 7.2. Gezeigt ist die $(Ho_xLu_{1-x})_2O_3(440)$–Reflexlage der Mischserie für $x = 0 \ldots 1$. *(rechts)* Nach Bragg–Gleichung extrahierte c–Achsen–Gitterparameter der $(Ho_xLu_{1-x})_2O_3(440)$-Ebene. Der Gitterparameter steigt monoton mit steigendem x.

Analyse der in–plane–Orientierung

Die Texturanalyse der Mischserie klärt auf, in welchem Maß die für die reinen $LuNi_2B_2C$–Schichten erreichte in–plane–Orientierung auf die Mischphasen übertragen werden kann. Sie wurde daher auch verwendet um die Beschichtungsparameter behutsam an die veränderten Phasenbedingungen anzupassen. Eine Zusammenstellung der Polfiguren der (112)-Ebenen der verschiedenen Mischphasen ist in Abb. 7.5 gegeben.

Die hohe in–plane–Orientierung der $LuNi_2B_2C$–Schichten kann bis $x = 0{,}4$ beibehalten werden. Für x = 0,6 bildet sich in der Oxidschicht eine mehrfache Epitaxie mit einer leichten sogenannten „Axiotaxie“ aus: Dabei bildet sich eine leichte Fasertextur, deren Achse nicht mit der out–of–plane–Richtung übereinstimmt und in der Polfigur durch nicht–zentrierte Intensitätsringe in Erscheinung tritt. Gleichzeitig ist hier und für $x = 0{,}8$ ein messbarer Untergrund mit Fasertextur erkennbar, der sich mit zunehmendem x auch in

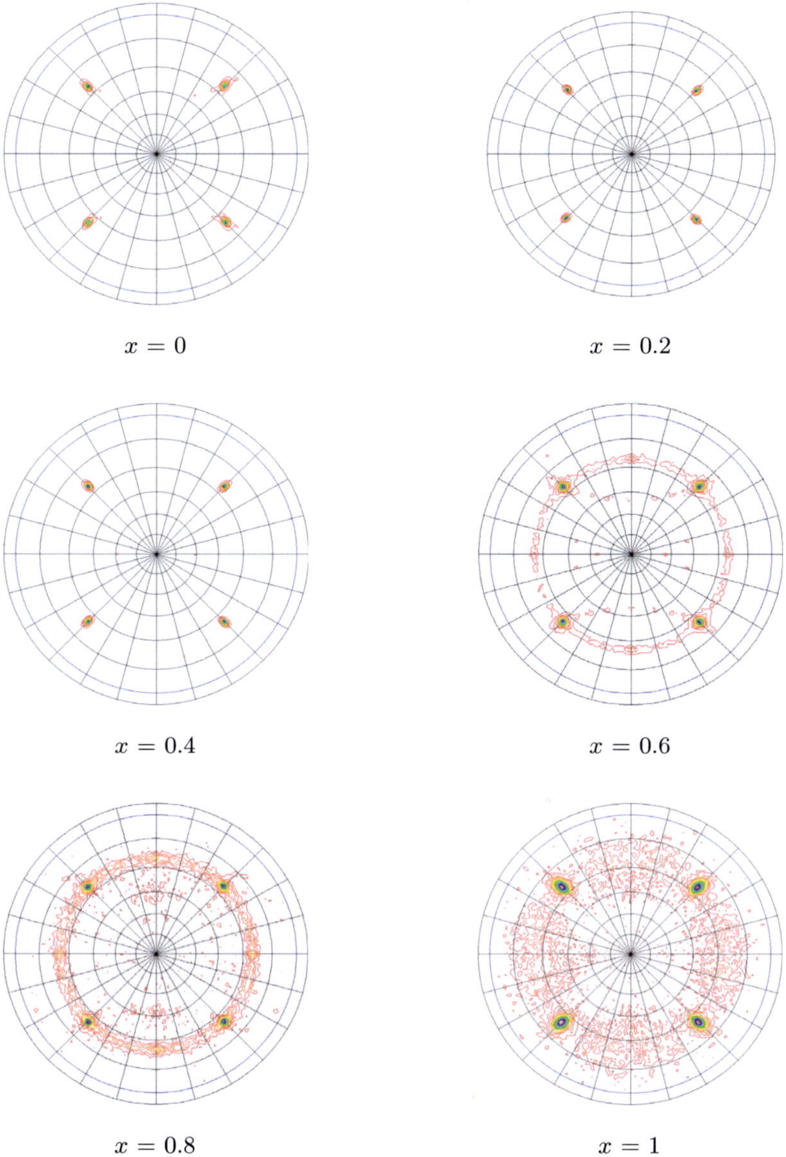

Abb. 7.5: Polfiguren der (112)–Ebenen der epitaktischen $Ho_xLu_{1-x}Ni_2B_2C$–Mischserie für aus den Pulszahlenverhältnissen errechnetes $x = 0 \ldots 1$.

out–of–plane–Richtung verbreitert. Für $x = 1$, also die $HoNi_2B_2C$–Schicht aus der Mischserie, ist jedoch immer noch ein hoher Grad an in–plane–orientiertem Volumen erkennbar. Eine solche klare in–plane–Orientierung zu erreichen erwies sich für $HoNi_2B_2C$ jedoch als weit schwieriger als für $LuNi_2B_2C$ und erforderte auch eine deutliche Reduktion der Beschichtungstemperatur auf ca. 800 °C.

7.3 Supraleitungseigenschaften

Von polykristallinen $Ho_xLu_{1-x}Ni_2B_2C$–Proben ist bekannt, dass ab $x \approx 0{,}7$ das lineare Verhältnis von kritischer Temperatur und de Gennes–Faktor zusammenbricht und die kritische Temperatur bei einem Wert in der Nähe der kritischen Temperatur von $HoNi_2B_2C$ verharrt [FFN+98]. Dieser Effekt wird auch hier erwartet: Bis zu $x \approx 0{,}6$ sollte die kritische Temperatur ungefähr linear mit x abfallen, um bei den beiden letzten Proben mit x = 0,8 und x = 1 in der Nähe der Übergangstemperatur von $HoNi_2B_2C$ zu liegen. Dieser Effekt tritt ein, wie Abb. 7.6 zeigt. Da für die reine $HoNi_2B_2C$–Schicht kein vollständiger Übergang nahe 8 K gemessen werden konnte, ist stattdessen das „Onset“, definiert durch eine Widerstandsabnahme auf 90% des normalleitenden Wertes, aufgetragen.

Die Mischschichten zeigen also durch kontinuierlich veränderliche Gitterparameter und den erwarteten Verlauf der kritischen Temperatur an, dass eine Phasenmischung ähnlich wie in polykristallinen Proben mit dieser Abscheidemethode möglich ist. Durch angepasste Beschichtungsparameter kann auch die in–plane–Textur stabilisiert werden. Weitere Untersuchungen, etwa zur Anisotropie der Mischphasen, sind noch nicht abgeschlossen.

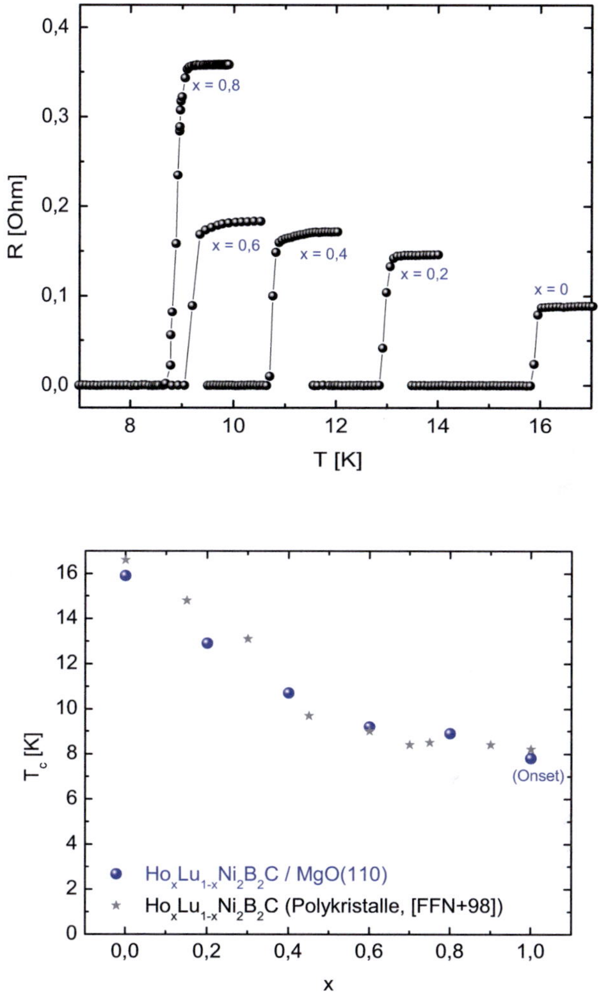

Abb. 7.6: *(oben)* R(T)-Übergangskurven der $Ho_xLu_{1-x}Ni_2B_2C$–Mischschichten für $x = 0 \ldots 0{,}8$. Für $x = 1$ war kein vollständiger supraleitender Übergang messbar, daher ist das „Onset" der Übergangskurve angegeben. *(unten)* Die aus den Übergangskurven ermittelten kritischen Temperaturen fallen mit dem Holmium–Substitutionsanteil x bis $x = 0.6$ ungefähr linear ab und verharren dann im Bereich der supraleitenden Übergangstemperatur von $HoNi_2B_2C$. Dieser Effekt, als „de Gennes–Limitierung" bekannt, stimmt in den Dünnschichten gut mit den Daten polykristalliner Proben überein [FFN+98].

8 Zusammenfassung und Ausblick

In den vorangegangenen Kapiteln wurden grundlegende, bislang ungelöste Probleme der Dünnschichtabscheidung epitaktischer Seltenerd–Nickel–Borkarbidschichten diskutiert und am Beispiel von $LuNi_2B_2C$ und der Mischreihe $Ho_xLu_{1\text{-}x}Ni_2B_2C$ Lösungsvorschläge präsentiert.

Die Borkarbid–Dünnschichten wurden mit gepulster Laserdeposition auf oxidischen Einkristallsubstraten abgeschieden, wobei sich an der Grenzfläche zum Substrat eine Seltenerdoxidschicht bildet. Die Texturentwicklung dieser Oxidgrenz- und der Borkarbidschichten wurde zum ersten Mal in Abhängigkeit verschiedener Beschichtungsparameter systematisch untersucht.

Die Auswahl von $LuNi_2B_2C$ ist aus mehreren Gründen besonders attraktiv: Es hat die höchste Sprungtemperatur aller stabilen Seltenerd–Nickel–Borkarbide, es gibt besonders viele Untersuchungen zu den intrinsischen Eigenschaften und es ist besonders schwierig Einkristalle herzustellen, so dass hochtexturierte $LuNi_2B_2C$–Schichten mit guten supraleitenden Eigenschaften eine wichtige Ausweichmöglichkeit darstellen.

Die zentralen Ergebnisse der Arbeit lassen sich in die Themen „Wachstum und Texturentwicklung“ und „Supraleitung und Anisotropie“ gliedern.

Im ersten Teil wurde der Herstellungsprozess hochtexturierter $LuNi_2B_2C$–Dünnschichten auf Einkristallsubstraten beschrieben und erläutert, welcher Einfluss der verschiedenen Beschichtungsparameter auf das Wachstum und die Texturentwicklung festgestellt werden konnte. Daraus wurde ein Parametersatz abgeleitet, mit dem auf MgO(110)–Einkristallsubstraten erstmals vollständig biaxial texturierte und hinsichtlich ihrer Supraleitungseigenschaften bisher unerreicht gute $LuNi_2B_2C$–Dünnschichten hergestellt werden konnten. Zusätzlich wurde noch der Herstellungsprozess stöchiometrischer Targets und der Effekt einer thermischen Nachbehandlung der Dünnschichtproben in die

Optimierung der Schichteigenschaften mit einbezogen.

Im zweiten Teil wurden die Supraleitungseigenschaften solcher, hochtexturierter $LuNi_2B_2C$–Schichten, insbesondere die Anisotropie ihres oberen kritischen Feldes, untersucht und mit denen von $LuNi_2B_2C$–Einkristallen aus früheren Arbeiten verglichen. Insbesondere eine geeignete Temperaturnachbehandlung der Dünnschichten führt dazu, dass sich die Größe und die Anisotropie des oberen kritischen Feldes kaum noch von der hochwertiger Einkristalle unterscheidet.

Wachstum und Texturentwicklung

Das wichtigste Ergebnis der vorliegenden Arbeit ist sicherlich, dass, insbesondere aufgrund der systematischen Untersuchung der Texturentwicklung, erstmals die Abscheidung vollständig biaxial texturierter $LuNi_2B_2C$–Schichten (und zum Vergleich auch YNi_2B_2C) mit sehr guten supraleitenden Eigenschaften reproduzierbar demonstriert werden konnte.

Aus früheren Arbeiten war bekannt, dass das Wachstum von Seltenerd–Nickel–Borkarbidschichten auf MgO(100)–Einkristallen mit einer an der Substratoberfläche in–situ–gebildeten Seltenerd–Oxidschicht einhergeht. Gleichzeitig bilden sich an der Grenzfläche nickel– und borhaltige Restphasen. Während ein c–Achsen–orientiertes Wachstum der Borkarbidschicht leicht erreichbar ist, ist es schwierig eine weitgehende in–plane–Ausrichtung zu erreichen, da hierzu Oberflächenmobilitäten erforderlich sind, die nur durch hohe Temperaturen über ca. 800 °C ermöglicht werden können. Die gleichzeitige Sauerstoffdiffusion von der Grenzfläche in die Borkarbidschicht kann die supraleitende Phase jedoch stark beeinträchtigen, wobei metallische Oxidationsbarrieren das texturierte Wachstum der Borkarbidschicht jedoch verhindern können [H00, GMP+01]. Aufgrunddessen wurde in früheren Arbeiten vorzugsweise eine Hochratendeposition direkt auf oxidische Substrate verwendet. Für niedrigere Temperaturen konnte in Verbindung mit geringerer Beschichtungsrate ein a–Achsen–orientiertes Wachstum gefunden werden [WHSH01]. Die hohe Empfindlichkeit der Wachstums- und Ordnungsprozesse von kleinen Temperaturänderungen beeinträchtigt dabei die Reproduzierbarkeit der Probenherstellung.

Dass bei der Hochratendeposition für diese konträren Anforderungen ein Parameterfenster existiert, konnte von Häse et al. und Wimbush et al. für YNi_2B_2C gezeigt werden. Allerdings ist es offenbar zu klein, um einen hohen Texturgrad zu erreichen, so dass eine Optimierung auf möglichst gute Supraleitungseigenschaften vorzuziehen war.

In weiterführenden Experimenten mit der Hochratendeposition konnte ebenfalls keine Lösung für dieses Problem gefunden werden. Daher wurde ein Ansatz gewählt, bei dem zunächst die Abscheidung hinsichtlich der Homogenität der Beschichtung, stöchiometrischem Übertrag und genauer Parameterkontrolle optimiert wurde. Dies bedeutete auch die Abkehr von der Hochratendeposition, ermöglichte es aber, strukturell wesentlich bessere Proben herzustellen. Anschließend wurden die Beschichtungsparameter, insbesondere die Beschichtungstemperatur und die Beschichtungsrate, ausbalanciert, wobei die supraleitende Eigenschaften und Textur gleichermaßen berücksichtigt wurden. Darauf aufbauend, konnte in der Nähe der Optimalbedingungen herum der Einfluss dieser Beschichtungsparameter auf die Supraleitungs- und Textureigenschaften der Dünnschichten erstmals systematisch untersucht werden. Auf dieser Basis war die rekursive Optimierung der Schichteigenschaften hinsichtlich der Textur, der Supraleitung und der Schichtdicke möglich.

Die Abscheidung wurde vor allem auf MgO–Einkristallsubstraten mit [100]– oder [110]–Orientierung vorgenommen. Es konnte gezeigt werden, dass sich unter den gefundenen Optimalbedingungen auf beiden Substrattypen vergleichbar gute Supraleitungseigenschaften erzielen lassen. Allerdings ist auf MgO(100) auch bei vollständig biaxialer Orientierung der Lu_2O_3–Grenzschicht offenbar keine geordnete in–plane–Textur in den Borkarbidschichten erreichbar. Auf den einkristallinen MgO(110)–Substraten hingegen konnten $LuNi_2B_2C$–Schichten abgeschieden werden, die nicht nur eine vollständig biaxiale Textur sondern gleichzeitig die bisher besten supraleitenden Eigenschaften besitzen. Eine geeignete Temperaturnachbehandlung konnte die Eigenschaften noch verbessern und z. B. das Restwiderstandsverhältnis wiederholbar auf bisher nicht erreichte Werte von 15–20 anheben.

Supraleitung und Anisotropie

Die solchermaßen hergestellten, hochtexturierten $LuNi_2B_2C$–Proben sind ideal geeignet um anisotrope Eigenschaften wie das obere kritische Feld zu untersuchen. Dazu wurden lithographisch strukturierte Mikrobrücken in die Schichten geätzt, die einen festen Strompfad definieren. Die Messung des oberen kritischen Feldes an zwei thermisch unterschiedlich behandelten Schichten zeigt einen deutlichen Einfluss auf die anisotropen Eigenschaften des oberen kritischen Feldes. Speziell die in–situ–Temperaturbehandlung gleicht die extrapolierten Werte $H_{c2}(0)$ für $H \parallel [001]$ an die Werte sehr guter Einkristalle an, was auf einen eindeutigen „clean limit“–Zustand in den Dünnschichtproben hinweist. Hierzu werden in Zukunft noch detailliertere Messungen mit Punktkontaktspektroskopie folgen.

Aufgrund der erstmals hervorragenden Reproduzierbarkeit der Struktur und der supraleitenden Eigenschaften der $LuNi_2B_2C$–Dünnschichten wurde die Abscheidung erstmals auf eine epitaktische Seltenerd–Nickel–Borkarbid–Mischserie mit zwei verschiedenen Seltenen Erden übertragen. Die Proben wurden durch alternierende Beschichtung von zwei stöchiometrischen Targets hergestellt. Exemplarisch wurde dazu die Mischserie $Ho_xLu_{1\text{-}x}Ni_2B_2C$ untersucht, welche sich durch interessante Skaleneffekte wie die nur teilweise lineare de Gennes–Skalierung auszeichnet [FFN+98], und für welche sich aufgrund des von $HoNi_2B_2C$ deutlich abweichenden $LuNi_2B_2C$–Phasendiagramms bislang keine Einkristalle herstellen lassen. Die Misch–Schichten zeigen im wesentlichen eine kontinuierliche Veränderung der Gitterparameter und hinsichtlich ihrer kritischen Temperaturen den von polykristallinen Proben aus früheren Arbeiten bekannten Verlauf [FFN+98]. Untersuchungen zur Anisotropie der Mischschichten stehen allerdings noch aus.

Ausblick

In der Arbeit wurde gezeigt, dass die für $LuNi_2B_2C$–Dünnschichten auf MgO(110) erarbeiteten Beschichtungsparameter auf YNi_2B_2C–, und mit entsprechenden Anpassungen auch auf $HoNi_2B_2C$–Systeme übertragen werden können. Daher erscheint insbesondere die Übertragung der Herstellungsmethode auf weitere Mitglieder der Seltenerd–Nickel–Borkarbide attraktiv:

1.) Erweiterung auf magnetische Phasen:

Wie zu Beginn erwähnt, wurden die magnetischen und supraleitenden Phasen $ErNi_2B_2C$ und $HoNi_2B_2C$ in Form von Dünnschichten bereits in früheren Arbeiten untersucht [CFG+99, WH06]. Eine Erweiterung der hier vorgestellten Methode auf $DyNi_2B_2C$ und $TmNi_2B_2C$ scheint möglich. Die nicht supraleitenden, magnetischen Borkarbide hingegen, z. B. $PrNi_2B_2C$ oder $GdNi_2B_2C$, sind im Vergleich zu den supraleitenden sehr viel seltener untersucht worden [CCD95, EMBT+04]. Dünnschichtproben dieser Borkarbide sind bisher nicht bekannt. Leider ist es nach den bisherigen Erfahrungen wohl nicht möglich Multilagenschichten aus supraleitenden und magnetischen Borkarbiden zu erzeugen, da durch die Morphologie der Substratgrenzfläche und die nötigen hohen Beschichtungstemperaturen nicht nur sehr rauhe Grenzflächen sondern auch unbeabsichtigte Phasenmischungen entstehen können.

2.) Mischphasen:

Die Untersuchung von Dünnschichten aus Borkarbid–Mischphasen könnte unter dem speziellen Fokus fortgesetzt werden insbesondere Borkarbide mit stark verschiedenen Phasendiagrammen zu mischen, die in der Kristallzucht nicht leicht zugänglich sind. Ebenfalls ist es mit der gepulsten Laserdeposition leicht möglich extreme, jedoch gleichmäßig verteilte Verdünnungen zu erreichen, so dass auch stark verdünnte Mischphasen hergestellt werden können. Gerade dafür ist eine experimentelle Stabilität, wie sie für die $LuNi_2B_2C$-Dünnschichten erstmals demonstriert werden konnte, unerläßlich. Mischphasen, die sich bisher nicht oder nur sehr schwer in einkristalliner Form darstellen lassen, könnten so durch hochtexturierte Dünnschichten ersetzt bzw. ergänzt werden.

3.) Metastabile Phasen:

Für andere Übergangsmetalle sind bisher keine Untersuchungen an Borkarbid–Dünnschichten bekannt. Dabei wäre es besonders spannend zu erfahren, ob sich so auch metastabile Borkarbidphasen wie z. B. $ScNi_2B_2C$ phasenrein herstellen lassen. Besonders reizvoll ist darüberhinaus die Untersuchung metastabiler Phasen, die durch Übergangsmetallsubstitution entstehen: Beispielsweise liegt das Primärkristallisationsgebiet von YPd_2B_2C mit der bislang höchsten Sprungtemperatur aller supraleitender Borkarbide von 23 K so weit von der stöchiometrischen Zusammensetzung entfernt, dass kristalline Proben

nur mit besonderem Aufwand herstellbar sind und die gewünschte Einphasigkeit bisher noch nicht erreicht wurde.
4.) Homologe Reihen:
Eine weitere offene Frage betrifft die homologe Reihe $(R\mathrm{C})_m(\mathrm{NiB})_n$, welche z. B. von den Seltenerd–Nickel–Bornitriden bekannt ist [CZB+94]. Dadurch, dass in dieser Arbeit ein Zugang zu biaxial– (und c–Achsen–texturierten) Schichten geschaffen wurde, ist es denkbar, dass sich in Zukunft auch solche, zumeist metastabilen, Seltenerd–Nickel–Borkarbid–Phasen durch Dünnschichtabscheidung herstellen lassen. Bedenkt man, dass die Sprungtemperatur der LuNiBC–Phase mit ca. 2,9 K erheblich niedriger als die der 1221–Phase liegt, so ist der Gedanke an Phasen mit mehr R–C–Ebenen zumindest nicht ohne Reiz, auch wenn außer dem verwandten System $La_3Ni_2B_2N_3$ bisher keine Phase mit höherem R–C–Anteil ein Indiz für Supraleitung erbrachte.

Solche Untersuchungen werden aber sicher etwas auf sich warten lassen, da sich das Rad der Supraleitung seither ein großes Stück weitergedreht hat: Die Entdeckung der intermetallischen und Fluor–haltigen Eisen–Arsen–Supraleiter hat die Community in berechtigte Aufregung versetzt. Viele theoretische und experimentelle Techniken, die an Seltenerd–Nickel–Borkarbiden erprobt wurden, finden seither erneut Anwendung. Bedenkt man, dass für die Seltenerd–Nickel–Borkarbide kein technisches Anwendungsszenario existiert, haben sie die Supraleitungswelt wie kaum ein anderes System bereichert. Die eine oder andere Erkenntnis könnte noch auf sich warten lassen.

Literaturverzeichnis

[AAI+99] ANDREONE, A. ; ARUTA, C. ; IAVARONE, M. ; PALOMBA, F. ; RUSSO, M.L. ; SALLUZZO, M. ; VAGLIO, R. ; CASSINESE, A. ; HEIN, M.A. ; KAISER, T. ; MULLER, G. ; PERPEET, M.: Microwave properties of RE-Ni_2B_2C (RE = Y, Er) superconducting thin films. In: *Physica C* 319 (1999), Juni, Nr. 3-4, 141–149. ISI:000081519400003. – ISSN 0921–4534

[ACG+01] ANDREONE, A. ; CASSINESE, A. ; GIANNI, L. ; IAVARONE, M. ; PALOMBA, F. ; VAGLIO, R.: Superconducting gap anisotropy of $LuNi_2B_2C$ thin films from microwave surface impedance measurements. In: *Phys.Rev.B* 64 (2001), September, Nr. 10, 100505. ISI:000170978400015. – ISSN 0163–1829

[AFI+95] ANDREONE, A. ; FONTANA, F. ; IAVARONE, M. ; VAGLIO, R. ; CANEPA, F. ; MANFRINETTI, P.: Transport and Tunneling Measurements in Superconducting YNi_2B_2C. In: *Physica C* 251 (1995), September, Nr. 3-4, 379–382. ISI: A1995RW19800023. – ISSN 0921–4534

[AHH+94] ARISAWA, S. ; HATANO, T. ; HIRATA, K. ; MOCHIKU, T. ; KITAGUCHI, H. ; FUJII, H. ; KUMAKURA, H. ; KADOWAKI, K. ; NAKAMURA, K. ; TOGANO, K.: Synthesis of YNi_2B_2C Thin-Films by Magnetron Sputtering. In: *Appl.Phys.Lett.* 65 (1994), September, Nr. 10, 1299–1301. ISI:A1994PE88000033. – ISSN 0003–6951

[AHNT98] ARISAWA, S. ; HATANO, T. ; NAKAMURA, K. ; TOGANO, K.: Effect of the substrates of in–situ fabrication of borocarbide thin films. In: *Physica C* 308 (1998), November, Nr. 1-2, S. 67–73

[AIV+96] ANDREONE, A. ; IAVARONE, M. ; VAGLIO, R. ; MANINI, P. ; COGLIATI, E.: In situ growth and superconducting properties of YNi_2B_2C thin films. In: *Appl.Phys.Lett.* 69 (1996), S. 118–120

[BBT+05] BOBROV, N.L. ; BELOBOROD'KO, S.I. ; TYUTRINA, L.V. ; YANSON, I.K. ; NAUGLE, D.G. ; RATHNAYAKA, K.D.D.: Point–contact spectroscopy investigation of superconducting gap anisotropy in the nickel borocarbide compound $LuNi_2B_2C$. In: *Phys.Rev.B* 71 (2005), Januar, Nr. 1, 014512. ISI:000226735100138. – ISSN 1098–0121

[BC06] BUD'KO, S.L. ; CANFIELD, P.C.: Magnetism and superconductivity in rare earth–nickel–borocarbides. In: *Comptes Rendus Physique* 7 (2006), Januar, Nr. 1, 56–67. ISI:000236457300006. – ISSN 1631–0705

[BCN+08] Bobrov, N.L. ; Chernobay, V.N. ; Naidyuk, Y.G. ; Tyutrina, L.V. ; Naugle, D.G. ; Rathnayaka, K.D.D. ; Bud'ko, S.L. ; Canfield, P.C. ; Yanson, I.K.: Competition of multiband superconducting and magnetic order in $ErNi_2B_2C$ observed by Andreev reflection. In: *Eur.Phys.Lett.* 83 (2008), Nr. 3, 37003. ISI:000259022600030. – ISSN 0295–5075

[BFK+95] Buchgeister, M. ; Fuchs, G. ; Klosowski, J. ; Wiesner, U. ; Zawadzki, J.: Synthesis and phase characterization of the intermetallic compounds $Ln(Pt,Au)_{2+\delta}B_2C$, where Ln=La, Pr, Nd, Dy and Y. In: *Physica C* 255 (1995), Dezember, Nr. 1-2, 19–29. ISI:A1995TJ30900003. – ISSN 0921–4534

[Bit00] Bitterlich, H.: *Züchtung und physikalische Eigenschaften von Seltenerd – Übergangsmetall – Einkristallen*, TU Dresden, Dissertation, 2000

[BLS+08] Behr, G. ; Löser, W. ; Souptel, D. ; Fuchs, G. ; Mazilu, I. ; Cao, C.D. ; Köhler, A. ; Schultz, L. ; Büchner, B.: Crystal growth of rare earth–transition metal borocarbides and silicides. In: *J.Cryst.Growth* 310 (2008), April, Nr. 7-9, 2268–2276. ISI:000255843200176. – ISSN 0022–0248

[BNY+05] Bashlakov, D.L. ; Naidyuk, Y.G. ; Yanson, I.K. ; Wimbush, S.C. ; Holzapfel, B. ; Fuchs, G. ; Drechsler, S.L.: Distribution of the superconducting gap in a YNi_2B_2C film studied by point contact spectroscopy. In: *Supercond.Sci.Technol.* 18 (2005), S. 1094–1099

[BPR+08] Bergk, B. ; Petzold, V. ; Rosner, H. ; Drechsler, S.L. ; Bartkowiak, M. ; Ignatchik, O. ; Bianchi, A.D. ; Sheikin, I. ; Canfield, P.C. ; Wosnitza, J.: Anisotropic multiband many–body interactions in $LuNi_2B_2C$. In: *Phys.Rev.Lett.* 100 (2008), Juni, Nr. 25, 257004. ISI:000257230500058. – ISSN 0031–9007

[BRNC97] Bhatnagar, A.K. ; Rathnayaka, K.D.D. ; Naugle, D.G. ; Canfield, P.C.: Electrical resistivity and thermopower of single-crystal RNi_2B_2C (R=Dy, Ho, Er, Tm) magnetic superconductors. In: *Phys.Rev.B* 56 (1997), Juli, Nr. 1, 437–445. ISI:A1997XJ27200073. – ISSN 0163–1829

[BRW+05] Biehler, B. ; Runge, B.U. ; Wimbush, S.C. ; Holzapfel, B. ; Leiderer, P.: Velocity measurements of the dendritic instability in YNi_2B_2C. In: *Supercond.Sci.Technol.* 18 (2005), April, Nr. 4, 385–387. ISI:000228825500004. – ISSN 0953–2048

[BSLC06] Bud'ko, S.L. ; Schmiedeshoff, G.M. ; Lapertot, G. ; Canfield, P.C.: Anisotropic thermal expansion and magnetostriction of YNi_2B_2C single crystals. In: *J.Phys.: Cond.Matter* 18 (2006), September, Nr. 35, 8353–8365. ISI:000239922500022. – ISSN 0953–8984

[CBC+97] Canfield, P.C. ; Budko, S.L. ; Cho, B.K. ; Lacerda, A. ; Farrell, D. ; Johnston-Halperin, E. ; Kalatsky, V.A. ; Pokrovsky, V.L.: Angular dependence of metamagnetic transitions in $HoNi_2B_2C$. In: *Phys.Rev.B* 55 (1997), Januar, Nr. 2, S. 970–976

[CBS+94] CAVA, R.J. ; BATLOGG, B. ; SIEGRIST, T. ; KRAJEWSKI, J.J. ; PECK, W.F. ; CARTER, S. ; FELDER, R.J. ; TAKAGI, H. ; VANDOVER, R.B.: Superconductivity in $R\mathrm{Pt_2B_2C}$. In: *Phys.Rev.B* 49 (1994), Mai, Nr. 17, 12384–12387. ISI:A1994NL64300119. – ISSN 0163–1829

[CCD95] CANFIELD, P.C. ; CHO, B.K. ; DENNIS, K.W.: Magnetic Properties of single–crystal $GdNi_2B_2C$. In: *Physica B* 215 (1995), November, Nr. 4, 337–343. ISI:A1995TG78600008. – ISSN 0921–4526

[CCM+95] CHO, B.K. ; CANFIELD, P.C. ; MILLER, L.L. ; JOHNSTON, D.C. ; BEYERMANN, W.P. ; YATSKAR, A.: Magnetism and superconductivity in single–crystal $ErNi_2B_2C$. In: *Phys.Rev.B* 52 (1995), August, Nr. 5, 3684–3695. ISI:A1995RN56200095. – ISSN 0163–1829

[CFG+99] CIMBERLE, M.R. ; FERDEGHINI, C. ; GRASSANO, G. ; MARRE, D. ; PALLECCHI, I. ; PUTTI, M. ; SIRI, A.S. ; CANEPA, F.: Deposition of c–oriented borocarbide thin films by laser ablation technique. In: *IEEE Trans.Appl.Supercond.* 9 (1999), Juni, Nr. 2, 1727–1730. ISI:000081964300077. – ISSN 1051–8223

[Cha05] CHARIFOULLINE, Z.: Residual Resistivity Ratio (RRR) Measurements of LHC Superconducting NbTi Cable Strands. In: *http://cdsweb.cern.ch/record/970393/files/lhc-project-report-896.pdf* LHC Project Report 896 (2005)

[CSK+04] CAO, G.H. ; SIMON, P. ; KRÄMER, U. ; WIMBUSH, S.C. ; HOLZAPFEL, B.: Transmission electron microscopy and high–resolution electron microscopy study of an YNi_2B_2C thin film on Y_2O_3-buffered MgO. In: *Chem.Mater.* 16 (2004), März, Nr. 5, 842–845. ISI:000220089000013. – ISSN 0897–4756

[CSS04] CAO, G.H. ; SIMON, P. ; SKROTZKI, W.: Transmission electron microscopy study of YNi_2B_2C thin film growth on MgO(001). In: *J.Mater.Res.* 19 (2004), Mai, Nr. 5, 1413–1416. ISI:000222316500019. – ISSN 0884–2914

[CTB+94] CAVA, R.J. ; TAKAGI, H. ; BATLOGG, B. ; ZANDBERGEN, H.W. ; KRAJEWSKI, J.J. ; PECK, W.F. ; VANDOVER, R.B. ; FELDER, R.J. ; SIEGRIST, T. ; MIZUHASHI, K. ; LEE, J.O. ; EISAKI, H. ; CARTER, S.A. ; UCHIDA, S.: Superconductivity at 23 K in Yttrium Palladium Boride Carbide. In: *Nature* 367 (1994), Januar, Nr. 6459, 146–148. ISI:A1994MQ78000051. – ISSN 0028–0836

[CTZ+94] CAVA, R.J. ; TAKAGI, H. ; ZANDBERGEN, H.W. ; KRAJEWSKI, J.J. ; PECK, W.F. ; SIEGRIST, T. ; BATLOGG, B. ; VANDOVER, R.B. ; FELDER, R.J. ; MIZUHASHI, K. ; LEE, J.O. ; EISAKI, H. ; UCHIDA, S.: Superconductivity in the Quaternary Intermetallic Compounds $Ln\mathrm{Ni_2B_2C}$. In: *Nature* 367 (1994), Januar, Nr. 6460, 252–253. ISI:A1994MR49400048. – ISSN 0028–0836

[CXC+95] CHO, B.K. ; XU, M. ; CANFIELD, P.C. ; MILLER, L.L. ; JOHNSTON, D.C.: Magnetic and Superconducting Properties of Single–Crystal $TmNi_2B_2C$. In: *Phys.Rev.B* 52 (1995), August, Nr. 5, 3676–3683. ISI:A1995RN56200094. – ISSN 0163–1829

[CZB+94] Cava, R.J. ; Zandbergen, H.W. ; Batlogg, B. ; Eisaki, H. ; Takagi, H. ; Krajewski, J.J. ; Peck, W.F. ; Gyorgy, E.M. ; Uchida, S.: Superconductivity in lanthanum nickel boro–nitride. In: *Nature* 372 (1994), November, Nr. 6503, 245–247. ISI:A1994PR88900043. – ISSN 0028–0836

[DBF+06] Duran, A. ; Bernes, S. ; Falconi, R. ; Escudero, R. ; Laborde, O. ; Guillot, M.: Isomorphous PrT_2B_2C (T=Co,Ni,Pt) single crystals: Structural, transport, and magnetic properties. In: *Phys.Rev.B* 74 (2006), Oktober, Nr. 13, 134513. ISI:000241723200095. – ISSN 1098–0121

[DDK+01] Dertinger, A. ; Dinnebier, R.E. ; Kreyssig, A. ; Stephens, P.W. ; Pagola, S. ; Loewenhaupt, M. ; Smaalen, S. van ; Braun, H.F.: Microscopic changes in $HoNi_2B_2C$ due to thermal treatment and its effect on superconductivity. In: *Phys.Rev.B* 63 (2001), Mai, Nr. 18, 184518. ISI:000168730200105. – ISSN 0163–1829

[DOS+03] Drechsler, S.L. ; Opahle, I. ; Shulga, S.V. ; Eschrig, H. ; Fuchs, G. ; Müller, K.H. ; Loser, W. ; Bitterlich, H. ; Behr, G. ; Rosner, H.: Anisotropic electronic structure and orbital analysis of borocarbides. In: *Physica B* 329 (2003), Mai, 1352–1354. ISI:000183802700430. – ISSN 0921–4526

[DRS+00] Drechsler, S.L. ; Rosner, H. ; Shulga, S.V. ; Eschrig, H. ; Freudenberger, J. ; Fuchs, G. ; Nenkov, K. ; Müller, K.H. ; Lipp, D. ; Gladun, A. ; Kreyssig, A. ; Koepernik, K. ; Gegenwart, P. ; Cichorek, T.: Superconductivity in clean and disordered nonmagnetic borocarbides. In: *Physica C* 341 (2000), November, 749–750. ISI:000165855700021. – ISSN 0921–4534

[DRS+01] Drechsler, S.L. ; Rosner, H. ; Shulga, S.V. ; Opahle, I. ; Eschrig, H. ; Freudenberger, J. ; Fuchs, G. ; Nenkov, K. ; Müller, K.H. ; Bitterlich, H. ; Loser, W. ; Behr, G. ; Lipp, D. ; Gladun, A.: A brief comparison of superconductivity in borocarbides and cuprates. In: *Physica C* 364-365 (2001), November, 31–36. ISI:000172155700009. – ISSN 0921–4534

[DSM+99] Drechsler, S.L. ; Shulga, S.V. ; Müller, K.H. ; Fuchs, G. ; Freudenberger, J. ; Behr, G. ; Eschrig, H. ; Schultz, L. ; Golden, M.S. ; Lips, H. von ; Fink, J. ; Narozhnyi, V.N. ; Rosner, H. ; Zahn, P. ; Gladun, A. ; Lipp, D. ; Kreyssig, A. ; Loewenhaupt, M. ; Koepernik, K. ; Winzer, K. ; Krug, K.: Superconducting rare earth transition metal borocarbides. In: *Physica C* 318 (1999), Mai, 117–126. ISI:000081173100012. – ISSN 0921–4534

[DUW+09] Dugdale, S.B. ; Utfeld, C. ; Wilkinson, I. ; Laverock, J. ; Major, Z. ; Alam, M.A. ; Canfield, P.C.: Fermi surfaces of rare–earth nickel borocarbides. In: *Supercond.Sci.Technol.* 22 (2009), Januar, Nr. 1, 014002. ISI:000261761300004. – ISSN 0953–2048

[Eli60] Eliashberg, G.M.: In: *Zh. Eksp. Teor. Fiz. 38 (1960), pp. 966, Sov. Phys. JETP (Engl. Transl.)* 11 (1960), 696 S.

[EMBT+04] El Massalami, M. ; Borges, H.A. ; Takeya, H. ; Rapp, R.E. ; Chaves, F.A.B.: Anomalous low-temperature behavior of $\mathrm{Pr}T_2\mathrm{B_2C}$ and $\mathrm{Pr_{1\text{-}x}Dy_x}T_2\mathrm{B_2C}$ (T = Ni, Co). In: *Journal of Magnetism and Magnetic Materials* 279 (2004), August, Nr. 1, 5–13. ISI:000222954600002. – ISSN 0304–8853

[ETC+94] Eisaki, H. ; Takagi, H. ; Cava, R.J. ; Batlogg, B. ; Krajewski, J.J. ; Peck, W.F. ; Mizuhashi, K. ; Lee, J.O. ; Uchida, S.: Competition between magnetism and superconductivity in rare–earth nickel boride carbides. In: *Phys.Rev.B* 50 (1994), Juli, Nr. 1, 647–650. ISI:A1994NX87100095. – ISSN 0163–1829

[FCC97] Fisher, I. R. ; Cooper, J. R. ; Canfield, P. C.: Anisotropic resistivity and normal–state magnetoresistance of $R\mathrm{Ni_2B_2C}$ (R = Y, Lu, Er, Ho). In: *Phys.Rev.B* 56 (1997), Nov, Nr. 17, S. 10820–10823. http://dx.doi.org/10.1103/PhysRevB.56.10820. – DOI 10.1103/PhysRevB.56.10820

[FDF+98] Freudenberger, J. ; Drechsler, S.L. ; Fuchs, G. ; Kreyssig, A. ; Nenkov, K. ; Shulga, S.V. ; Müller, K.H. ; Schultz, L.: Superconductivity and disorder in $\mathrm{Y_xLu_{1\text{-}x}Ni_2B_2C}$. In: *Physica C* 306 (1998), September, Nr. 1-2, 1–6. ISI:000076318400001. – ISSN 0921–4534

[FFN+98] Freudenberger, J. ; Fuchs, G. ; Nenkov, K. ; Handstein, A. ; Wolf, M. ; Kreyssig, A. ; Müller, K.H. ; Loewenhaupt, M. ; Schultz, L.: Breakdown of de Gennes scaling in $\mathrm{Ho_xLu_{1\text{-}x}Ni_2B_2C}$. In: *Journal of Magnetism and Magnetic Materials* 187 (1998), September, Nr. 3, 309–317. ISI:000075369300004. – ISSN 0304–8853

[FGB+03] Ferdeghini, C. ; Grassano, G. ; Bellingeri, E. ; Marre, D. ; Ramadan, W. ; Ferrando, V.: Effect of substrate on the epitaxial growth of borocarbide thin films. In: *Int.J.Mod.Phys.B* 17 (2003), März, Nr. 4-6, 824–829. ISI:000182423800027. – ISSN 0217–9792

[FMD+04] Fuchs, G. ; Müller, K.H. ; Drechsler, S.L. ; Shulga, S. ; Nenkov, K. ; Freudenberger, J. ; Behr, G. ; Souptel, D. ; Handstein, A. ; Wälte, A. ; Lipp, D. ; Gupta, L.C.: Non–magnetic superconducting $R\mathrm{(Ni,Pt)_2B_2C}$ compounds (R = Y, Lu) in the clean and dirty limit. In: *Physica C* 408-10 (2004), August, 107–108. ISI:000224051700045. – ISSN 0921–4534

[GCF+00] Grassano, G. ; Cimberle, M.R. ; Ferdeghini, C. ; Iavarone, M. ; Di Capua, R. ; Vaglio, R. ; Canepa, F.: Superconducting properties of $\mathrm{LuNi_2B_2C}$ films and junctions. In: *Physica C* 341 (2000), November, 757–758. ISI:000165855700025. – ISSN 0921–4534

[GCM+00] Grassano, G. ; Cimberle, M.R. ; Marre, D. ; Pallecchi, I. ; Putti, M. ; Ramadan, W. ; Siri, A.S. ; Ferdeghini, C. ; Andreone, A. ; Cassinese, A. ; Di Capua, R. ; Gianni, L. ; Iavarone, M. ; Miletto, F. ; Ricci, F. ; Uccio, U.S. di ; Vaglio, R. ; Canepa, F.: Superconducting properties of

$LuNi_2B_2C$thin films. In: *Int.J.Mod.Phys.B* 14 (2000), Oktober, Nr. 25-27, 2743–2748. `ISI:000166337700022`. – ISSN 0217–9792

[GLH+94] GRIGEREIT, T.E. ; LYNN, J.W. ; HUANG, Q. ; SANTORO, A. ; CAVA, R.J. ; KRAJEWSKI, J.J. ; PECK, W.F.: Observation of Oscillatory Magnetic Order in the Antiferromagnetic Superconductor $HoNi_2B_2C$. In: *Phys.Rev.Lett.* 73 (1994), November, Nr. 20, 2756–2759. `ISI:A1994PQ93200030`. – ISSN 0031–9007

[GMP+01] GRASSANO, G. ; MARRE, D. ; PALLECCHI, I. ; RICCI, F. ; SIRI, A.S. ; FERDEGHINI, C.: Growth of in-plane textured $LuNi_2B_2C$ thin films: correlation among structural, morphological and electrical properties. In: *Supercond.Sci.Technol.* 14 (2001), März, Nr. 3, 117–123. `ISI:000167698600001`. – ISSN 0953–2048

[GSC+94] GOLDMAN, A.I. ; STASSIS, C. ; CANFIELD, P.C. ; ZARESTKY, J. ; DERVENAGAS, P. ; CHO, B.K. ; JOHNSTON, D.C.: Magnetic pair–breaking in $HoNi_2B_2C$. In: *Phys.Rev.B* 50 (1994), Oktober, Nr. 13, 9668–9671. `ISI:A1994PL41200101`. – ISSN 0163–1829

[Gup06] GUPTA, L.C.: Superconductivity and magnetism and their interplay in quaternary borocarbides RNi_2B_2C. In: *Adv. Phys.* 55, 7-8 (2006), S. 691–798

[H00] HÄSE, K.: *Struktur, Transport und obere kritische Felder von SE–Nickel–Borkarbid–Dünnschichten (SE: Y,Ho)*, TU Dresden, Dissertation, 2000

[H03] HÜHNE, R.: *Textur– und Mikrostrukturentwicklung bei der ionenstrahlunterstützten Laserdeposition von MgO*, TU Dresden, Dissertation, 2003

[HHHS00] HÄSE, K. ; HOUGH, D. ; HOLZAPFEL, B. ; SCHULTZ, L.: In situ preparation of RE-Ni_2B_2C (RE = Y, Ho) thin films by pulsed laser deposition. In: *Physica B* 284 (2000), Juli, 1105–1106. `ISI:000087311700551`. – ISSN 0921–4526

[HHS97] HÄSE, K. ; HOLZAPFEL, B. ; SCHULTZ, L.: Superconducting YNi_2B_2C thin films prepared by pulsed laser deposition. In: *Physica C* 288 (1997), August, Nr. 1-2, 28–32. `ISI:A1997YD96800004`. – ISSN 0921–4534

[HHS00] HÄSE, K. ; HOLZAPFEL, B. ; SCHULTZ, L.: The angle dependence of the upper critical field of $HoNi_2B_2C$ thin films. In: *Physica C* 341–348 (2000), November, Nr. Part 2, S. 761–762

[HRS+92] HOLZAPFEL, B. ; ROAS, B. ; SCHULTZ, L. ; BAUER, P. ; SAEMANNISCHENKO, G.: Off-axis Laser Deposition of $YBa_2Cu_3O_{7-\delta}$ Thin Films. In: *Appl.Phys.Lett.* 61 (1992), Dezember, Nr. 26, S. 3178–3180

[HWPH01] HÄSE, K. ; WIMBUSH, S.C. ; PASCHEN, S. ; HOLZAPFEL, B.: Preparation of c–axis fibre textured YNi_2B_2C thin films by pulsed laser deposition: film structure and superconducting properties. In: *IEEE Trans.Appl.Supercond.* 11 (2001), März, Nr. 1, 3836–3839. `ISI:000168285900285`. – ISSN 1051–8223

[IAC+00] IAVARONE, M. ; ANDREONE, A. ; CASSINESEL, A. ; DICAPUAL, R. ; GIANNIL, L. ; VAGLIOL, R. ; WILDE, Y. de ; G.W., Crabtree: Borocarbide Thin Films

And Tunneling Measurements. In: *NATO Workshop entitled "Rare Earth Transition Metal Borocarbides (Nitrides): Superconducting, Magnetic and Normal State Propertiesïn Dresden, Germany* (2000)

[KBK+04] KIRUTHIKA, G.V.M. ; BEHR, G. ; KULKARNI, R. ; DHAR, S.K. ; GUPTA, L.C.: Y–induced stabilization of the superconducting phase in the $Sc_{1\text{-}x}Y_xNi_2B_2C$ system. In: *Physica C* 405 (2004), Juni, Nr. 3-4, 245–252. ISI:000222073100007. – ISSN 0921–4534

[Kit87] KITTEL, C.: *Quantum Theory of Solids, 2ed.* Wiley, 1987

[Kru00] KRUG, K.: *Charakterisierung elektronischer und magnetischer Eigenschaften in Seltenen Erd–Borkarbiden*, Universität Göttingen, Dissertation, 2000

[KSB95] KREBS, H. U. ; S., Fähler ; BREMERT, O.: Laser Deposition of Metallic Alloys and Multilayers. In: *Applied Surface Science* 86 (1995), Februar, Nr. 1-4, S. 86–89

[LDF+03] LIPP, D. ; DRECHSLER, S.L. ; FREUDENBERGER, J. ; FUCHS, G. ; NENKOV, K. ; MÜLLER, K.H. ; SCHNEIDER, M. ; GLADUN, A.: Specific heat in the mixed state of non-magnetic borocarbides. In: *Physica C* 388 (2003), Mai, 183–184. ISI:000183340300085. – ISSN 0921–4534

[LSG+02] LIPP, D. ; SCHNEIDER, M. ; GLADUN, A. ; DRECHSLER, S.L. ; FREUDENBERGER, J. ; FUCHS, G. ; NENKOV, K. ; MÜLLER, K.H. ; CICHOREK, T. ; GEGENWART, P.: Specific heat and disorder in the mixed state of non-magnetic borocarbides. In: *Europhys.Lett.* 58 (2002), Mai, Nr. 3, 435–441. ISI:000175271000019. – ISSN 0295–5075

[LYS+96] LACERDA, A. ; YATSKAR, A. ; SCHMIEDESHOFF, G.M. ; BEYERMANN, W.P. ; CANFIELD, P.C.: High–field, low–temperature magnetoresistance of single crystalline heavy fermion $YbNi_2B_2C$. In: *Phil.Mag.B* 74 (1996), November, Nr. 5, 641–645. ISI:A1996VR70200022. – ISSN 0141–8637

[MFD+07] MÜLLER, K.H. ; FUCHS, G. ; DRECHSLER, S.L. ; OPAHLE, I. ; ESCHRIG, H. ; SCHULTZ, L. ; BEHR, G. ; LÖSER, W. ; SOUPTEL, D. ; WÄLTE, A. ; NENKOV, K. ; NAIDYUK, Y. ; ROSNER, H.: Multiband superconductivity in $HoNi_2B_2C$. In: *Physica C* 460 (2007), September, 99–102. ISI:000249870500028. – ISSN 0921–4534

[MHDH95] MICHOR, H. ; HOLUBAR, T. ; DUSEK, C. ; HILSCHER, G.: Specific–heat analysis of rare–earth transition-metal borocarbides: An estimation of the electron–phonon coupling strength. In: *Phys.Rev.B* 52 (1995), S. 16165–16175

[MOSB95] MALANGA, .E.U. ; OGLESBYB, C.S. ; SIEGRIST, T. ; BUCHER, E.: Purification and single crystal growth of niobium by combined zone refining and electrotransport. In: *Physica B* 204 (1995), S. 363–366

[MSFD08] MÜLLER, K.H. ; SCHNEIDER, M ; FUCHS, G ; DRECHSLER, S.L.: Rare Earth Nickel Boro–Carbides. In: *Handbook on the Physics and Chemistry of Rare Earths* Bd. 38, 2008, –

[MWK+97] METLUSHKO, V. ; WELP, U. ; KOSHELEV, A. ; ARANSON, I. ; CRABTREE, G.W. ; CANFIELD, P.C.: Anisotropic upper critical field of $LuNi_2B_2C$. In: *Phys.Rev.Lett.* 79 (1997), September, Nr. 9, 1738–1741. ISI:A1997XU05700040. – ISSN 0031–9007

[NBB+07] NAIDYUK, Y.G. ; BASHLAKOV, D.L. ; BOBROV, N.L. ; CHERNOBAY, V.N. ; KVITNITSKAYA, O.E. ; YANSON, I.K. ; BEHR, G. ; DRECHSLER, S.L. ; FUCHS, G. ; SOUPTEL, D. ; NAUGLE, D.G. ; RATHNAYAKA, K.D.D. ; ROSS, J.H.: Point–contact spectroscopy of the nickel borocarbide superconductors RNi$_2$B$_2$C (R = Y, Dy, Ho, Er, Tm, Lu). In: *Physica C* 460 (2007), September, 107–110. ISI:000249870500031. – ISSN 0921–4534

[NBY+07] NAIDYUK, Y.G. ; BASHLAKOV, D.L. ; YANSON, I.K. ; FUCHS, G. ; BEHR, G. ; SOUPTEL, D. ; DRECHSLER, S.L.: Point-contact spectroscopy of the borocarbide superconductor YNi_2B_2C. In: *Physica C* 460 (2007), September, 103–104. ISI:000249870500029. – ISSN 0921–4534

[NKY+07] NAIDYUK, Y.G. ; KVITNITSKAYA, O.E. ; YANSON, I.K. ; FUCHS, G. ; NENKOV, K. ; WÄLTE, A. ; BEHR, G. ; SOUPTEL, D. ; DRECHSLER, S.L.: Point–contact spectroscopy of the antiferromagnetic superconductor $HoNi_2B_2C$. In: *Physica C* 460 (2007), September, 105–106. ISI:000249870500030. – ISSN 0921–4534

[NMH+94] NAGARAJAN, R. ; MAZUMDAR, C. ; HOSSAIN, Z. ; DHAR, S.K. ; GOPALAKRISHNAN, K.V. ; GUPTA, L.C. ; GODART, C. ; PADALIA, B.D. ; VIJAYARAGHAVAN, R.: Bulk superconductivity at an elevated temperature ($T_c \approx 12$ K) in a nickel containing alloy system Y-Ni-B-C. In: *Phys.Rev.Lett.* 72 (1994), Januar, Nr. 2, 274–277. ISI:A1994MQ60700025. – ISSN 0031–9007

[NNM+01] NAGAMATSU, J. ; NAKAGAWA, N. ; MURANAKA, T. ; ZENITANI, Y. ; AKIMITSU, J.: Superconductivity at 39 K in magnesium diboride. In: *Nature* 410 (2001), S. 63–64

[PK00] PAUFLER, P. ; KRÄMER, U: Struktur von Seltenerdverbindungen. In: *Wiss. Zeitschr. d. Techn. Univ. Dresden* 49 (2000), S. 12–15

[RBPN97] RATHNAYAKA, K.D.D. ; BHATNAGAR, A.K. ; PARASIRIS, A. ; NAUGLE, D.G.: Transport and superconducting properties of RNi$_2$B$_2$C (R=Y, Lu) single crystals. In: *Phys.Rev.B* 55 (1997), April, Nr. 13, 8506–8519. ISI: A1997WV25200071. – ISSN 0163–1829

[RTC+06] RAO, K.S. ; TAMM, R. ; CAO, G.H. ; OERTEL, C.G. ; SKROTZKI, W. ; WIMBUSH, S.C. ; HOLZAPFEL, B.: Microstructure and texture of YNi_2B_2C thin films grown on Ir–buffered MgO(001). In: *J.Appl.Phys.* 100 (2006), Dezember, Nr. 12, 123911. ISI:000243157900060. – ISSN 0021–8979

[RTJ08] ROTTER, M. ; TEGEL, M. ; JOHRENDT, D.: Superconductivity at 38 K in the Iron Arsenide $(Ba_{1-x}K_x)Fe_2As_2$. In: *Phys.Rev.Lett.* 101 (2008), S. 107006

[RTW+05] RAO, K.S. ; TAMM, R. ; WIMBUSH, S.C. ; CAO, G.H. ; OERTEL, C.G. ; SKROTZKI, W. ; HOLZAPFEL, B.: Texture studies on borocarbide thin films. In: *Icotom*

14: Textures of Materials, Pts 1and 2 495–497 (2005), 1425–1430. ISI:000231284400218. – ISSN 0255–5476

[RWHK02] REIBOLD, M. ; WIMBUSH, S.C. ; HOLZAPFEL, B. ; KRÄMER, U.: Epitaxial growth of YNi_2B_2C films on single crystal MgO substrates: an High–Resolution–TEM investigation of the interface. In: *J.Alloys Comp.* 347 (2002), Dezember, Nr. 1-2, 24–30. ISI:000179348200005. – ISSN 0925–8388

[RWJ+08] REN, Z.-A. ; WEI, L. ; JIE, A. ; WEI, Y. ; SHEN, X.-L. ; ZHENG, C. ; GUANG-CAN, C. ; XIAO-LI, D. ; LI-LING, S. ; FANG, Z. ; ZHONG-XIAN, Z.: Superconductivity at 55 K in Iron–Based F–Doped Layered Quaternary Compound $Sm[O_{1\text{-}x}F_x]FeAs$. In: *Chinese Phys. Lett.* 25 (2008), S. 2215–2216

[SBKL05] SOUPTEL, D. ; BEHR, G. ; KREYSSIG, A. ; LÖSER, W.: Growth features of RE-Ni_2B_2C (RE = Y, Ho, Tb) single crystals. In: *J.Cryst.Growth* 276 (2005), April, Nr. 3-4, 652–662. ISI:000228385300043. – ISSN 0022–0248

[SBLT08] SOUPTEL, D. ; BEHR, G. ; LÖSER, W. ; TERESIAK, A.: Effect of B and C concentration on crystallization and properties of $HoNi_2B_2C$. In: *J.Alloys Comp.* 455 (2008), Mai, Nr. 1-2, 60–66. ISI:000255447600017. – ISSN 0925–8388

[Sch02] SCHNEIDER, M.: *Thermische Tieftemperatureigenschaften von Magnesium–Diborid und Seltenerd–Nickel–Borkarbiden*, TU Dresden, Diss., 2002

[SCKP94] SIEGRIST, T. ; CAVA, R.J. ; KRAJEWSKI, J.J. ; PECK, W.F.: Crystal–Chemistry of the Series LnT_2B_2C (Ln=Rare Earth, T=Transition Element). In: *J.Alloys Comp.* 216 (1994), Dezember, Nr. 1, 135–139. ISI:A1994QA06700030. – ISSN 0925–8388

[SDB+01] SCHMIEDESHOFF, G.M. ; DETWILER, J.A. ; BEYERMANN, W.P. ; LACERDA, A.H. ; CANFIELD, P.C. ; SMITH, J.L.: Critical fields and specific heat of $LuNi_2B_2C$. In: *Phys.Rev.B* 6313 (2001), April, Nr. 13, 134519. ISI:000167895000108. – ISSN 0163–1829

[SDF+98] SHULGA, S.V. ; DRECHSLER, S.L. ; FUCHS, G. ; MÜLLER, K.H. ; WINZER, K. ; HEINECKE, M. ; KRUG, K.: Upper critical field peculiarities of superconducting YNi_2B_2C and $LuNi_2B_2C$. In: *Phys.Rev.Lett.* 80 (1998), Februar, Nr. 8, 1730–1733. ISI:000072117600041. – ISSN 0031–9007

[SGK+08] SCHNEIDER, M. ; GLADUN, A. ; KREYSSIG, A. ; WOSNITZA, J. ; PETZOLD, V. ; ROSNER, H. ; BEHR, G. ; SOUPTEL, D. ; MÜLLER, K.H. ; DRECHSLER, S.L. ; FUCHS, G.: Heat and charge transport in YNi_2B_2C and $HoNi_2B_2C$ single crystals. In: *J.Phys.: Cond.Matter* 20 (2008), April, Nr. 17, 175221. ISI:000254786600023. – ISSN 0953–8984

[SKS+97] SZILLAT, H. ; KUHN, H. ; SCHUSTER, T. ; MAJEWSKI, P. ; SEEGER, M. ; ALDINGER, F. ; KRONMÜLLER, H.: Magnetic phase transitions and structural deficiencies in superconducting Y-Ni-B-C. In: *Physica C* 280 (1997), Juni, Nr. 1-2, S. 43–51

[Sou05] Souptel, D.: *Crystal growth and perfection of selected intermetallic and oxide compounds*, TU Dresden, Diss., 2005

[SZC+94] Siegrist, T. ; Zandbergen, H.W. ; Cava, R.J. ; Krajewski, J.J. ; Peck, W.F.: The crystal structure of superconducting $LuNi_2B_2C$ and the related phase $LuNi_2B_2C$. In: *Nature* 367 (1994), Januar, Nr. 6460, S. 254–256

[TKC+94] Tsuei, C.C. ; Kirtley, J.R. ; Chi, C.C. ; Yujahnes, L.S. ; Gupta, A. ; Shaw, T. ; Sun, J.Z. ; Ketchen, M.B.: Pairing symmetry and flux quantization in a tricrystal superconducting ring of $YBa_2C_3O_{7-\delta}$. In: *Phys.Rev.Lett.* 73 (1994), Juli, Nr. 4, 593–596. ISI:A1994NZ23700022. – ISSN 0031–9007

[TMS+01] Tomilo, Z.M. ; Molchan, P.V. ; Shestak, A.S. ; Finskaya, V.M. ; Prytkova, N.A. ; Ustinovich, S.N.: Influence of annealing on the superconductivity of $ScNi_2B_2C$. In: *Physica C* 361 (2001), September, Nr. 2, 95–98. ISI: 000170845200005. – ISSN 0921–4534

[TMU+99] Tomilo, Z. ; Molchan, P. ; Ustinovich, S. ; Finskaya, V. ; Prytkova, N. ; Kurochkin, L.: Growth and study of borocarbide single crystals. In: *J.Low Temp.Phys.* 117 (1999), Dezember, Nr. 5-6, 1635–1639. ISI:000084486600106. – ISSN 0022–2291

[VAA+97] Vaglio, R. ; Andreone, A. ; Aruta, C. ; Cassinese, A. ; Fontana, F. ; Crabtree, G.W. ; Iavarone, M. ; DeWilde, Y. ; Maritato, L. ; Attanasio, C. ; Coccorese, C. ; Salluzzo, M. ; Salvato, M.: Properties of YNi_2B_2C superconducting thin films. In: *Phys.Rev.B* 56 (1997), Juli, Nr. 2, 934–939. ISI:A1997XL82700061. – ISSN 0163–1829

[W07] Wälte, A.: *Thermodynamik in Mehrband-Supraleitern*, TU Dresden, Dissertation, 2007

[WFM+04] Wälte, A. ; Fuchs, G. ; Müller, K.-H. ; Handstein, A. ; Nenkov, K. ; Narozhnyi, V.N. ; Drechsler, S.-L. ; Shulga, S. ; Schultz, L. ; Rosner, H.: Evidence for strong electron–phonon coupling in $MgCNi_3$. In: *Phys. Rev. B* 70 (2004), Nov, Nr. 17, S. 174503

[WH06] Wimbush, S.C. ; Holzapfel, B.: Angular anisotropy of the upper critical field in $HoNi_2B_2C$. In: *physica status solidi (c)* 3 (2006), April, Nr. 9, S. 300–7–3010

[WHJ04] Wimbush, S.C. ; Holzapfel, B. ; Jooss, C.: Observation of dendritic flux instabilities in YNi_2B_2C thin films. In: *J.Appl.Phys.* 96 (2004), September, Nr. 6, 3589–3591. ISI:000223720000096. – ISSN 0021–8979

[WHSH01] Wimbush, S.C. ; Häse, K. ; Schultz, L. ; Holzapfel, B.: Epitaxial a-axis and c-axis oriented growth of YNi_2B_2C thin films. In: *J.Phys.: Cond.Matter* 13 (2001), Mai, Nr. 18, L355–L360. ISI:000168910800003. – ISSN 0953–8984

[Wim04] Wimbush, S.C.: *Mixed State Properties Of Rare Earth Nickel Borocarbide Thin Films: Anisotropy and Flux Instability*, TU Dresden, Dissertation, 2004

[WM98] Wang, G.F. ; Maki, K.: Possible d-wave superconductivity in borocarbides: Upper critical field of YNi_2B_2C and $LuNi_2B_2C$. In: *Phys.Rev.B* 58 (1998), September, Nr. 10, 6493–6496. ISI:000076007600077. – ISSN 0163–1829

[WSH03] Wimbush, S.C. ; Schultz, L. ; Holzapfel, B.: Critical current in YNi_2B_2C and $HoNi_2B_2C$ thin films. In: *Physica C* 388 (2003), Mai, 191–192. ISI: 000183340300089. – ISSN 0921–4534

[WSH04] Wimbush, S.C. ; Schultz, L. ; Holzapfel, B.: Angular anisotropy of the upper critical field in YNi_2B_2C. In: *Physica C* 408–10 (2004), August, 83–84. ISI:000224051700035. – ISSN 0921–4534

[YBB+96] Yatskar, A. ; Budraa, N.K. ; Beyermann, W.P. ; Canfield, P.C. ; Budko, S.L.: Heavy–electron behavior in single-crystal $YbNi_2B_2C$. In: *Phys.Rev.B* 54 (1996), August, Nr. 6, R3772–R3775. ISI:A1996VD67700027. – ISSN 0163–1829

[ZSG+95] Zarestky, J. ; Stassis, C. ; Goldman, A.I. ; Canfield, P.C. ; Dervenagas, P. ; Cho, B.K. ; Johnston, D.C.: Magnetic Structure of $ErNi_2B_2C$. In: *Phys.Rev.B* 51 (1995), Januar, Nr. 1, 678–680. ISI:A1995QB37700096. – ISSN 0163–1829

Anhang

Veröffentlichungen

Bislang erschienene, eigene Veröffentlichungen:

E. Backen, S. Haindl, T. Niemeier, R. Hühne, T. Freudenberg, J. Werner, G. Behr, L. Schultz, B. Holzapfel, *Growth and anisotropy of La(O,F)FeAs thin films deposited by pulsed laser deposition*, Supercond. Sci. Technol. 21 (2008), 122001

T. Niemeier, R. Hühne, A. Köhler, G. Behr, L. Schultz, B. Holzapfel, *Epitaxial c–axis oriented $LuNi_2B_2C$ thin films on MgO(110)*, International Conference on Low Temperature Physics (LT 25), Amsterdam 2008, J. Phys. Conf. Series 150 (2009), 052185

T. Niemeier, R. Hühne, A. Köhler, G. Behr, L. Schultz, B. Holzapfel, *Growth and characterization of epitaxial $LuNi_2B_2C$ thin films on MgO single crystals*, Journal of Alloys and Compounds 507,2 (2010), 345-349

O. E. Kvitnitskaya, Yu. G. Naidyuk, I. K. Yanson, T. Niemeier, G. Fuchs, B. Holzapfel, L. Schultz, *Point-contact study of the $LuNi_2B_2C$ borocarbide superconducting film*, Supercond. Sci. Technol. 23 (2010), 115001

Für Vorabveröffentlichungen dieser und weiterer Arbeiten siehe auch:

`http://arxiv.org/find/cond-mat/1/au:+Niemeier_T/0/1/0/all/0/1`

Danksagung

Die dieser Arbeit zugrundeliegenden wissenschaftlichen Probleme hätten ohne die sehr guten Arbeitsbedingungen und die vielfältigen und leistungsfähigen technischen Möglichkeiten des IFW Dresden möglicherweise nicht gelöst werden können. Ich möchte mich daher ganz herzlich bei allen bedanken, die mir mit ihrer technischen, finanziellen oder moralischen Unterstützung die Fertigstellung dieser Arbeit ermöglicht haben.

Zuallererst geht mein Dank an meinen Doktorvater Herrn Dir. Prof. Dr. Ludwig Schultz, der mir die Möglichkeit gegeben hat diese Arbeit am *Institut für metallische Werkstoffe* anzufertigen. Besonders danke ich dafür, dass mir ermöglicht wurde die Arbeit zu einem runden Abschluss zu bringen.

Herrn Prof. Dr. Paul Seidel, Direktor des Instituts für Festkörperphysik an der Friedrich–Schiller–Universität Jena, danke ich sehr herzlich für die Übernahme des Koreferats, die starke moralische Unterstützung und ganz besonders für seine Anwesenheit bei der Verteidigung!

Herrn Dr. Bernhard Holzapfel danke ich ganz herzlich für die Aufnahme in seine Arbeitsgruppe, das ebenso herausfordernde wie spannende Thema, seine große Unterstützung und stete Motivation und die große Freiheit in der Wahl der Lösungswege.

Ich möchte Herrn Prof. Dr. Schultz und Herrn Dr. Holzapfel außerdem für die beeindruckende, offene Atmosphäre danken, die sie am Institut und in ihren Arbeitsgruppen geschaffen haben: Herr Prof. Dr. Schultz und Dr. Bernhard Holzapfel sind vor allem durch ihre großartige Motivations- und Begeisterungsfähigkeit für wissenschaftliche Kernfragen für mich zu wirklichen Lehrern geworden.

Ganz herzlich danken möchte ich auch meinem Laborleiter Dr. Ruben Hühne, unter dessen Leitung ich im Laserlabor arbeiten durfte und der mir die Röntgendiffraktometrie und die Polfigurmessungen dünner Schichten von den Grundlagen bis zu den Feinheiten beigebracht hat. Besonders danke ich ihm für seine großartige Hilfsbereitschaft und seine immerzu freundliche Ausgeglichenheit!

Herrn Michael Kühnel danke ich ganz herzlich für unzählige Stunden der

Unterstützung im Laserlabor. Trotz der zeitweiligen Überfüllung des Laserstundenplans hat er weder den Überblick noch seine Ausgeglichenheit verloren.

Herrn Dr. Günter Fuchs danke ich für die substantiellen Diskussionen, die den Anspruch an die erforderliche Probenqualität stets weiter in die Höhe getrieben haben. Sie waren speziell am Ende eine starke Motivation die Abscheidung zu perfektionieren und die Möglichkeiten der Temperaturnachbehandlung auszureizen. Seinen langjährigen Kooperationspartnern Frau Dr. Olga Kvitnitskaya und Dr. Yuri Naidyuk vom B. Verkin Institut für Tieftemperaturphysik in Kharkiv (Ukraine) danke ich herzlich für das Interesse und die aufwendigen Messungen mit der Punktkontaktspektroskopie.

Herrn Dr. Günter Behr († Mai 2010) und seinen Mitarbeitern Frau Rosemarie Müller, Herrn Jochen Werner und Frau Dr. Anke Köhler, sowie Herrn Michael Frey danke ich besonders für die umfangreiche Unterstützung bei der Herstellung der verschiedenen Targets. Besonders Frau Dr. Anke Köhler hat die Targetpräparation sehr unterstützt und auch in vielen Diskussionen geholfen die Dünnschichtergebnisse im Vergleich zu Kristalluntersuchungen zu analysieren und zu bewerten.

Meinen langjährigen Kollegen Dr. Jens Hänisch und Dr. Marko Herrmann danke ich für die kompetente Unterstützung bei Messungen an den Quantum Design PPMS–Geräten. Frau Ulrike Besold danke ich für den zuverlässigen Service der PPMS-Geräte und Herrn Dr. Konstantin Nenkov darüberhinaus ganz herzlich für manche kurzfristig notwendige Heliumfüllung am Wochenende sowie für die wichtigen Messungen im 14 T–Magneten.

Herr Dr. Mönch und seine Mitarbeiterinnen Frau Sandra Sieber und Frau Barbara Eichler danke ich dafür, dass sie die fotolithografische Strukturierung der Schichten mit großer Geduld vorgenommen und sich auch von verschiedenen Problemen mit der Ionen–Ätzanlage nicht abschrecken lassen haben.

Frau Sieglinde Pichl möchte ich für eine Reihe von WDX–Messungen danken, auch wenn die Messungen nicht in der Arbeit repräsentiert sind. Sie haben bei der langwierigen Einstellung der richtigen Abscheidungsbedingungen sehr geholfen.

Ich möchte auch den Werkstätten im IFW ganz herzlich danken. Sowohl die elektrische als auch die mechanische Werkstatt waren stets zur Hand, so oft es etwas zu reparieren gab. Viele wichtige kleine und größere Verbesserungen sind in den Aufbau der Vakuumkammer eingeflossen.

Natürlich dürfen auch die Kollegen der PLD–Arbeitsgruppe nicht unerwähnt bleiben. Allen voran Dr. Sebastian Fähler, der so manches Problem mit der Computersteuerung der Vakuumkammer beheben half, und Dr. Volker Neu, der vor allem bei den Tieftemperaturmessungen ein kompetenter Ansprechpartner war. Beide haben wesentlich zur ausgeglichenen Atmosphäre in der Gruppe beigetragen. Dr. Silvia Haindl und den Kolleginnen und Kollegen der Abteilung 26 danke ich für viele anregende Ideen und Gespräche und dafür auch bei längeren Messungen abends oder am Wochenende oft nicht alleine gewesen zu sein.

Meinen studentischen Hilfskräften, insbesondere Frau Karolin Tscharntke, danke ich für die unermüdliche Hilfe bei der Auswertung bzw. für die vielen AFM– und T_c –Messungen sowie für die Übernahme der Beschichtung zum Schluss, die mir mehr zeitlichen Freiraum ermöglicht hat. Herrn Dipl.-Ing. Konrad Güth danke ich sehr herzlich für seine Einführung in die Kammerbenutzung und seine stete Bereitschaft den Substratmanipulator herauszuheben, wenn wieder einmal ein Defekt behoben werden musste.

Meinen langjährigen Promotionskolleginnen und –kollegen Dr. Aarti Singh, Dr. Ajit Patra, Dr. Ah-Ram Kwon, Dr. Tetyana Shapoval und Dipl.-Ing. Elke Backen danke ich für die herzliche Arbeitsatmosphäre.

Für das kritische Lesen des Manuskripts danke Dr. Jens Hänisch, Dr. Anke Köhler und Dr. Bernhard Holzapfel.

Ich möchte auch den vielen hilfreichen Händen im IFW danken, die die effiziente wissenschaftliche Arbeit ermöglichen und denjenigen, die dafür sorgen, dass der kulturelle Aspekt nicht zu kurz kommt. Die positive und starke Identifikation mit dem IFW als persönlichem Wirkungsort ist sicher beispielhaft. Dafür sei auch dem Vorstand gedankt.

Zuletzt danke ich auch meiner Familie und meinen Freunden für die wertvolle moralische Unterstützung über die gesamte Promotionszeit.

Dresden, im Sommer 2010,

Tim Niemeier

Lebenslauf

Tim Niemeier

geb. am 22.04.1976 in Bielefeld

1982–1986	Grundschule Vilsendorf in Bielefeld
1986–1995	Marienschule der Ursulinen Bielefeld, Abitur
1996–2004	Studium an der RWTH Aachen
1996–1998	Mathematik und Physik für Lehramt Sek. II, Zwischenprüfung Physik, Vordiplom
1998–1999	Mathematik an der Universität Paris VI
1999–2003	Physik, Diplom
2003–2004	Aufbaustudium Wirtschaftswissenschaften
2004–2009	Wiss. Mitarbeiter am Leibniz–Institut für Festkörper- und Werkstoffforschung Dresden
2010	Promotion in Physik an der TU Dresden
seither	Entwicklungsingenieur bei der AVANCIS GmbH & Co. KG, Torgau